MINISTÈRE DU COMMERCE ET DE L'INDUSTRIE

EXPOSITION
Universelle & Internationale

DE

BRUXELLES

1910

SECTION FRANÇAISE

Rapport

des

Classes 49 & 50 — Groupe IX

Matériel et Procédés des exploitations et des industries forestières,
Produits des exploitations et des industries forestières

par

M. Eugène VOELCKEL

PARIS

COMITÉ FRANÇAIS DES EXPOSITIONS A L'ÉTRANGER
42, Rue du Louvre, 42

1912

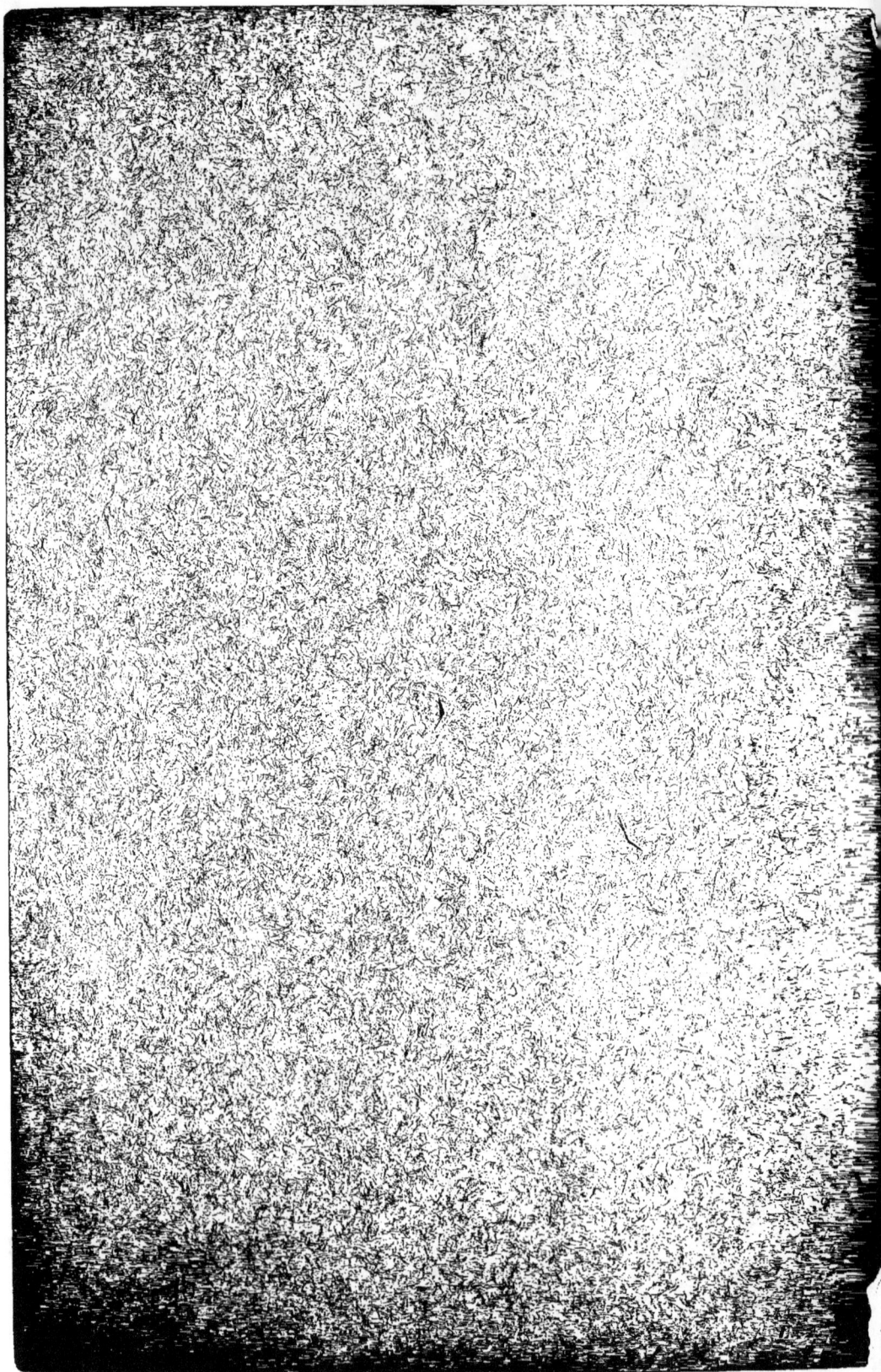

Exposition Universelle & Internationale

de

BRUXELLES

1910

❖

Classes 49 et 50

MINISTÈRE DU COMMERCE ET DE L'INDUSTRIE

EXPOSITION

Universelle & Internationale

DE

BRUXELLES

1910

SECTION FRANÇAISE

Rapport

des

Classes 49 & 50 — Groupe IX

Matériel et Procédés des exploitations et des industries forestières,
Produits des exploitations et des industries forestières

par

M. Eugène VOELCKEL

PARIS

COMITÉ FRANÇAIS DES EXPOSITIONS A L'ÉTRANGER

42, Rue du Louvre, 42

—

1912

GROUPE IX

FORÊTS, CHASSE, PÊCHE, CUEILLETTES

Président du Groupe IX :

M. POUPINEL (Paul). — Bois de sciage; Président de la Chambre syndicale des bois de sciage et d'industrie; Vice-Président du Syndicat général du Commerce et de l'Industrie; 37, quai de la Gare, à Paris.

Secrétaire :

M. HOLLANDE (Jean). — Bois des îles et d'ébénisterie; Vice-Président de la Chambre Syndicale des bois des îles et d'ébénisterie; Secrétaire-Archiviste du Comité français des Expositions à l'étranger; 114, rue de Charenton, à Paris.

CLASSES 49 et 50

~~~~~~~~~~

Classe 49.

MATÉRIEL ET PROCÉDÉS DES EXPLOITATIONS ET DES INDUSTRIES FORESTIÈRES.

Graines, plantes, exploitations et travaux forestiers, spécimens d'essences forestières, outillage et matériel des exploitations, des industries et des travaux forestiers. — Procédés de culture et d'aménagements de forêts.

Maisons forestières, voies de desserte, construction de routes, de ponts, de canaux, des écluses de flottage, etc., scieries, assainissements, repeuplement de forêts, mise en valeur des terrains incultes, fixation des dunes, restauration des terrains en montagne, correction et extinction des torrents, etc.

Classe 50.

PRODUITS DES EXPLOITATIONS ET DES INDUSTRIES FORESTIÈRES.

Echantillons d'essences forestières, grumes, étais de mines, etc., bois d'œuvre, de construction, de chauffage ; bois ouvrés, frises, parquets, douves et merrains, bois de fente, déchets de bois, bois de teinture, écorces, etc. ;

Lièges, écorces textiles, matières tannantes, odorantes, résineuses, etc. ;

Produits des industries forestières : boissellerie, vannerie, sparterie, sabots, semelles en bois, laines de bois, bouchons, bois torréfiés, alcools de bois, charbons de bois, potasse brute, et par extension :

les bois travaillés tels que manches d'outils, rais et moyeux ;

les parquets façonnés ;

les caisses pour l'emballage.

~~~~~~~~~~

COMPOSITION DU JURY INTERNATIONAL

Président :

France :   M. Poupinel (Paul), président du Groupe IX, vice-président du Syndicat général du commerce et de l'industrie à Paris, président de la Chambre syndicale des bois de sciage et d'industrie à Paris, négociant en bois, à Paris.

Vice-Président :

Brésil :   M. Misson (Louis), ingénieur agricole.

Secrétaire-Rapporteur :

Belgique :   M. Crahay, N. I., inspecteur des eaux et forêts, à Bruxelles.

Secrétaire-Rapporteur Adjoint :

Belgique :   M. Wary (Joseph), inspecteur des eaux et forêts, à Bruxelles.

Jurés effectifs :

Belgique :   MM. François (Alfred), membre du Conseil supérieur des forêts, bourgmestre de et à Cerfontaine.

                 Germay (Henri), industriel et négociant en bois, à Liége.

                 Hoffmann (Jean), directeur général des eaux et forêts, à Bruxelles.

                 Le Tellier (Abel), à Mons.

Brésil :   MM. d'Araujo (Nacimento), délégué de l'État d'Amazone.

                 Telles (Borges), négociant en bois.

France :   MM. Mathieu (Arthur), président de la Chambre syndicale des bois à œuvrer, négociant en bois, à Aubervilliers (Seine).

France :	M. VOELCKEL, administrateur-directeur de la Société d'importation de chêne à Pantin, vice-président de la Chambre syndicale des bois de sciage et d'industrie, bois de sciage et parquets.
Guatémala :	M. LECART, professeur de sylviculture à l'Université de Louvain, à Louvain.
Nicaragua :	M. BINOT (E.-D.), botaniste, à Pétropolis (Brésil).
Pays-Bas :	M. VAN DISSEL (E.-D.), inspecteur des eaux et forêts, à Utrecht.
République Dominicaine :	M. VERMEULEN (Adolphe), à Bruxelles.

Jurés suppléants :

Belgique :	M. BLONDEAU (Lucien), sous-inspecteur des eaux et forêts, à Bruxelles.
Brésil :	M. VILLARÈS (Henrique), agronome à l'Institut agricole de Gembloux (Belgique).
France :	MM. CAZAUBON (J.-B.), président de la Chambre de Commerce de Bougie (Algérie).
	HOLLANDE (Jean), vice-président de la Chambre syndicale des bois des îles et d'ébénisterie, importateur de bois exotiques, à Paris.
	RACHET (Georges), vice-président de la Chambre syndicale des bois de sciage et d'industrie, négociant en bois, à Paris.
Guatémala :	M. DELHAYE (Auguste), négociant en bois, à Bruxelles.
Nicaragua :	M. NAVAS (Emilio), de Léon (Nicaragua).
Pays-Bas :	MM. JAGERS GERLENGS (J.-H.), inspecteur à l'Administration forestière, à Bréda.
	NENGERMANN (A.-A.), ancien directeur de la Société des Bruyères néerlandaises, à Utrecht.
République Dominicaine :	M. DAEMS (Gustave), à Bruxelles.

AVANT-PROPOS

~~~~~~~~~~~~~

N'étant pas rapporteur du Jury international, mais simplement rapporteur de la Section française, notre tâche est simplifiée, puisque nous n'avons à signaler que les récompenses obtenues par les exposants de France, d'Algérie et de Tunisie.

Toutefois, il nous paraît nécessaire, à titre de document, de résumer également les expositions des autres pays dans les Classes 49 et 50.

Pour la clarté de notre travail, nous parlerons d'abord des exposants de la Métropole groupés dans le Palais de l'Automobile ; nous citerons ensuite les récompenses obtenues par la Section algérienne, qui exposait ses produits avec les Algériens de toutes les autres classes dans le Pavillon de la Banque d'Algérie. La Tunisie suivra, et nous terminerons par les pays étrangers.

~~~~~~~~~~~~~~~~~~~~~

SECTION FRANÇAISE

Comités d'admission et d'installation

BUREAU

Président d'honneur :

M. Daubrée (L.., conseiller d'Etat, directeur général des eaux et forêts, à Paris.

Président :

M. Voelckel (Eugène), vice-président de la Chambre syndicale des bois de sciage et d'industrie, membre de la Commission permanente des valeurs de douane, rapporteur technique au Comité consultatif des arts et manufactures, bois de sciage : 15, rue du Débarcadère, à Pantin (Seine).

Vice-Présidents :

MM. Pierrain (Charles), président honoraire de la Chambre syndicale des bois des iles et d'ébénisterie, négociant en bois des iles ; 36, rue de Picpus, à Paris.

Rachet (Georges), vice-président de la Chambre syndicale des bois de sciage et d'industrie, négociant en bois des iles et de France ; 32, avenue Philippe-Auguste, à Paris.

Mathieu (Arthur), président du Syndicat des bois à œuvrer, négociant en bois à Aubervilliers (Seine).

Secrétaires :

MM. Poisson (Eugène), négociant en bois ; 63, rue d'Allemagne, à Paris.

Parent (Paul), de la maison Poupinel et Parent, commerce de bois ; 37, quai de la Gare, à Paris.

Trésorier :

M. Bénex (Albert), négociant en bois ; 27, quai d'Ivry, à Ivry-Port (Seine).

Membres :

MM. Ausseur (Edmond), menuiserie et parquets, 51 *bis*, avenue de Ségur, à Paris.

Boissée (Georges), emballeur-expéditeur, 40, rue Laugier, à Paris.

Boulogne (Eugène), commerce de bois et menuiserie, au Vésinet (Seine-et-Oise).

Chatelet (Jules), bois de sciage, 13 à 19, quai de la Gare, à Paris.

Chenue (Pierre), emballeur-expéditeur, 5, rue de la Terrasse, à Paris.

Desouches (Maxime), directeur de l'entrepôt d'Ivry, place de la Trinité, à Paris.

Ganot (Alphonse), filature de rotins des Indes, 93, rue de Montreuil, à Paris.

Hollande (Jean), bois des îles et d'ébénisterie, 114, rue de Charenton, à Paris.

Lacarrière (Raymond), scierie et tournerie, à Noyon (Oise).

Meurisse (Paul), exploitations forestières et scieries mécaniques, 84, rue des Meuniers, à Lille.

Pitet (S.), sièges et meubles de jardin, 237, boulevard Voltaire, à Paris.

Poupinel (Paul), bois de sciage, 37, quai de la Gare, à Paris.

Préaudat, bois de construction, 30, quai de Seine, à Courbevoie (Seine).

Mme Rigaut (Louis), manufacture de meubles et caisses d'emballage, 72 à 80, quai de la Loire, à Paris.

M. Sébastien (Louis), bois de sciage, 5 à 9, rue Rataud, à Paris.

Architecte :

M. Guillaume (H.), 3, rue Jean-Bart, à Paris.

Entrepreneur et Agent général :

M. Fournigault (Ch.), 143, rue Lafayette, à Paris.

RÉCOMPENSES

La Section française proprement dite, qui formait un groupement dans le Palais de l'Automobile et de l'Aviation, se composait de 35 exposants dont :

5 ont été classés « Hors Concours », ayant été nommés Membres du Jury; les 29 autres exposants ont obtenu les récompenses suivantes :

12 Grands Prix,
6 Diplômes d'honneur,
10 Médailles d'or,
2 Médailles d'argent,

Total : 35 exposants.

A ce groupement ont été adjoints, pour les récompenses, deux autres exposants français, savoir :

1° La Section lorraine de la Société forestière française des Amis des arbres, à laquelle ses amis les Forestiers belges avaient réservé une place dans leur palais. Cette Association a obtenu une médaille d'or.

2° La Chambre de commerce de Bayonne, qui avait fait une exposition indépendante et qui, pour les produits soumis à l'examen des Classes 49 et 50, a obtenu une médaille d'argent.

APERÇU GÉNÉRAL

Avant de parler de chacun des exposants, il nous paraît préférable de jeter un coup d'œil sur la production ligneuse française, de dire quelques mots sur les principaux bois et autres matières premières ayant figuré dans les Classes 49 et 50 à l'Exposition de Bruxelles, et de donner en même temps un aperçu du commerce des bois en France.

Production ligneuse de la France

La surface boisée est évaluée à environ 9 500 000 hectares ; la superficie de la France étant de 51 900 000 hectares, le taux de boisement est de 17,91 p. 100.

Dans la partie la plus étendue de notre pays, c'est-à-dire dans le Nord, dans l'Est, dans l'Ouest et dans le Centre, poussent le chêne pédonculé, le chêne rouvre, le chêne tauzin, le chêne chevelu, le châtaignier, le frêne, l'orme, le hêtre, le charme, l'acacia, le saule, l'érable, l'aune, le tilleul, le bouleau, le peuplier, le pin silvestre, le sapin pectiné, l'épicéa, le pin de montagne, le mélèze, le pin cimbro et le pin laricio.

Dans la région du golfe de Gascogne existent le pin maritime et, à l'intérieur des terres, le chêne vert, le chêne tauzin, le chêne occidental, le chêne rouvre et le chêne pédonculé.

Vers la Méditerranée, on trouve comme essences spéciales : le chêne-liège, le chêne yeuse ou chêne vert, le pin d'Alep, le pin maritime et l'olivier.

Les produits ligneux que l'on retire des forêts sont : les bois de feu, le bois d'œuvre, les écorces à tan, le liège, la résine et quelques produits de moindre importance.

La production ligneuse annuelle est estimée à environ 26 000 000 de mètres cubes, dont 6 000 000 de mètres cubes de bois d'œuvre et 20 000 000 de mètres cubes de bois de feu.

Le revenu annuel des forêts de l'État est estimé à environ 35 000 000 de francs ; celui des communes et des établissements publics également à environ 35 000 000 de francs.

Les produits forestiers les plus rémunérateurs sont les bois d'œuvre et de service, c'est-à-dire servant à la fabrication des parquets, les bois de menuiserie, d'ébénisterie, de sculpture, de gravure, de tour, les bois de fente, de charronnage, de saboterie, les bois de charpente, les traverses de chemins de fer, les poteaux télégraphiques, les étais de mines, les bois pour pavage.

D'après les statistiques du service forestier, le pourcentage dans le rendement des forêts de France, en bois d'œuvre et de service, est le suivant :

20 p. 100 pour les forêts des particuliers ;
26 p. 100 pour les forêts des communes ;
37 p. 100 pour les forêts de l'Etat.

Les bois d'œuvre les plus recherchés sont, comme toujours, en bois dur : le chêne, le noyer, le frêne, le hêtre, l'orme, le charme, etc...; en bois tendre : le sapin, l'épicéa, le mélèze, le pin, le peuplier, le tilleul, l'aune, etc.

Nous parlerons séparément du bois de noyer, du peuplier et du liège.

Le chêne scié est toujours employé par la menuiserie, les décorations d'appartement, par les entrepreneurs de parquets, les constructeurs de wagons, les facteurs de pianos, la gainerie, etc.

Le chêne fendu n'a pas encore trouvé de remplaçant pour la fabrication des tonneaux et des foudres.

Le frêne et l'orme sont demandés par la carrosserie, le charronnage et l'ébénisterie.

Le hêtre reste toujours le bois préféré pour l'étal du boucher, la fabrication des sièges, des meubles de cuisine, pour les meubles en bois courbé et pour la boissellerie.

Les bois de sapin sont d'une très grande consommation pour tous les travaux bon marché, et servent aussi bien aux menuisiers qu'aux charpentiers et aux parqueteurs.

Tous ces bois ont été largement représentés par les maisons suivantes : Louis Bonnichon, à Nevers ; Boulogne, au Vésinet ; Carpentier, à Villers-Cotterets ; Lacarrière, à Noyon ; Lecœur et fils, à Paris ; Mathieu et fils aîné, à Aubervilliers ; Meurisse frères, à Lille ; Poisson, à Paris ; Préaudat, à Courbevoie ; Rachet, à Paris ; Mme Rigaut, à Paris ; Sébastien frères, à Paris, et la Société d'importation de chêne, à Pantin.

Bois de noyer.

Quoique le noyer soit classé parmi les bois communs, il est plutôt à considérer comme bois d'ébénisterie et mérite à ce titre d'être examiné isolément.

Il croît sur presque tout le territoire de la France, mais il ne peut être introduit avec avantage dans le peuplement des forêts, attendu qu'il ne prospère et ne fructifie abondamment que lorsqu'il est isolé.

Le noyer commun est originaire de la Perse et de l'Inde. C'est un des arbres que l'on plante et cultive le plus fréquemment. Son bois est très recherché par l'ébénisterie, par la menuiserie et par la sculpture sur bois, en raison de son grain fin, de son tissu semi-dur, du beau poli qu'il reçoit et des nuances riches et variées de ses nombreuses veines. Il est indispensable aux armuriers pour les crosses de fusils et sert en carrosserie pour les panneaux de voitures.

Dans le commerce, les bois de noyer sont classés en deux catégories : le noyer blanc et le noyer noir ou noyer d'Auvergne.

Le noyer blanc, de teinte grise presque uniforme, se vend le moins cher. On en fait des crosses de fusils, des meubles massifs, principalement pour salles à manger, et il sert à la décoration d'appartements ; il est encore utilisé par le sculpteur sur bois, les fabricants de chaises, les carrossiers et par les sabotiers. Le noyer noir d'Auvergne est le plus apprécié en raison de la teinte foncée du bois, de la richesse et de la variété des dessins que l'on y trouve.

Exception faite pour les crosses de fusils, les beaux bois veinés sont rarement employés en bois massif, mais presque toujours appliqués en placage sur le corps des meubles construits avec des bois plus communs. De ce fait, ils alimentent les usines à trancher où les grumes de noyer sont converties en feuilles de placages, tout comme les bois exotiques.

La racine de noyer, lorsqu'elle est grosse, est souvent plus recherchée que le tronc de l'arbre, le grain en étant plus fin et les veines de couleur plus nombreuses.

Enfin il se produit quelquefois sur le noyer des excroissances ligneuses appelées « loupes », qui offrent des dessins d'une richesse et d'une régularité surprenantes, de véritables rosaces, des arabesques, etc., formés par une multitude de veines contournées, diversement nuancées. Les loupes sont tranchées en feuilles de placages qui se vendent aux ébénistes à des prix très élevés, pour être plaquées sur les meubles de luxe.

Ces loupes sont plutôt rares sur les noyers de France ; on les trouve principalement au Caucase et dans l'Asie Mineure.

En dehors de l'Auvergne, les contrées françaises fournissant des bois de noyers en quantités appréciables sont : la Savoie, le Dauphiné, la Bourgogne, la Dordogne et les départements avoisinants.

Toutefois, la production nationale ne répond pas aux besoins de la consommation, et il en est importé chaque année un certain tonnage provenant de la Turquie et de l'Italie.

De très beaux spécimens de sciages de noyer foncé ont été exposés par les Établissements Chaux, de Périgueux.

Les loupes de noyer et les placages se trouvent disséminés dans les expositions des marchands de bois des îles, dont nous parlerons ultérieurement.

Bois de peuplier.

Le peuplier est un arbre très répandu en France, dont le produit annuel peut atteindre une cinquantaine de millions de francs. A Paris seulement, il s'en consomme annuellement près de 200 000 mètres cubes grumes représentant un chiffre d'affaires d'une dizaine de millions.

Le peuplier est peu étudié par le personnel forestier, attendu qu'il est plutôt cultivé que compris dans les peuplements forestiers.

C'est le seul arbre qui puisse mettre en valeur les terrains humides, marécageux, impropres à la culture agricole.

Il existe beaucoup de variétés de peupliers. Mais nous nous bornons à citer les plus connues :

Le peuplier blanc de Hollande, le peuplier grisaille ou grisard, le peuplier tremble, le peuplier noir, le peuplier de la Caroline, le peuplier de Virginie, vulgairement appelé peuplier suisse, le peuplier du Canada, le peuplier régénéré et le peuplier pyramidal ou peuplier d'Italie, etc...

C'est le peuplier régénéré de la vallée de l'Ourcq, ou peuplier de Meaux, que l'on cultive actuellement le plus dans toutes les régions et qui se paie le plus cher.

Le peuplier tremble est la seule espèce forestière ; les autres ne se rencontrent guère qu'à l'état de culture, plantés le long

des routes, des canaux, des rivières et dans les prairies maréca-
geuses où l'on fait souvent de grandes plantations qui donnent
d'excellents revenus à leur propriétaire en raison de la rapidité
de la croissance des arbres.

Planté dans un terrain propice, le peuplier est exploitable
à 30 ans. Son bois est blanc, léger, tout en offrant une grande
résistance ; son prix est modéré.

Diverses maisons faisant le commerce des bois à Paris se
sont spécialisées dans l'exploitation et dans la vente des sciages
de peupliers. Elles font annuellement des millions d'affaires et
s'alimentent principalement dans les vallées de la Seine, de
l'Aube, de l'Aisne, de la Marne, de l'Ourcq, de l'Oise et de la
Somme. Les peupliers sont achetés sur pied et exploités au
moyen de scieries mobiles. Certains industriels ont même réalisé
d'appréciables bénéfices en sciant les peupliers exploités le long
des canaux, au moyen de scieries installées sur des bateaux.

Les sciages de choix sont recherchés par les ébénistes pour
faire les carcasses des meubles plaqués, par la menuiserie pour
faire les panneaux de portes, par les fabriques de malles, par la
gainerie et la boissellerie.

Les sciages ordinaires sont utilisés par les emballeurs.

Parmi les exposants se spécialisant dans le peuplier, nous
citerons les maisons : Poupinel et Parent ; J. Chatelet ; Albert
Bénex.

Charbon de bois. — Agglomérés de charbons de bois.

Le charbon de bois est un article qui n'est plus guère utilisé
en France que pour la consommation ménagère. La vente en
est restreinte. Il en est de même pour les agglomérés de charbons de bois.

Deux exposants montrent ces produits, ce sont : MM. Bernot
frères, à Paris, et l'Entrepôt d'Ivry.

Écorces à tan.

Les producteurs de la Métropole n'ont pas envoyé des écorces à tan à l'Exposition de Bruxelles.

Cet article a eu six exposants dans la Section algérienne. Les produits étaient exposés par des négociants de la province d'Oran : MM. J. Borgeaud, à Oran ; Cazès David, à Saïda ; Émile Cléra, à Saïda ; A. Delacoste frères, à Oran ; Diégo Calindo, à Charrier ; Mirraillès et Deros, à Oran.

Liège.

Le liège a eu de nombreux exposants surtout dans la Section algérienne, dont les produits ont figuré dans le pavillon de la Banque de l'Algérie.

Le liège est l'écorce produite dans certaines conditions d'exploitation par un arbre appelé chêne-liège (*quercus-suber*) et qui croît spontanément autour du bassin de la Méditerranée : l'Algérie, la Tunisie, la Corse, la Sardaigne, les départements du Var, des Pyrénées-Orientales, des Landes et de Lot-et-Garonne. Cette essence se trouve dans les forêts en mélange avec des arbres et arbustes d'espèces différentes suivant la région.

L'Algérie possède de grandes étendues de chênes-liège, qui sont exploitées rationnellement et qui constituent un revenu important pour le pays. Ces forêts de chênes-liège couvrent une surface d'environ 426 000 hectares, dont 273 000 appartenant à l'État, 146 000 aux communes, 139 000 aux particuliers.

Elle réalise chaque année une grosse production de liège.

En 1909, elle a exporté en France . . . . 86 000 quintaux.
—   —   à l'étranger . . . . 167 000 —

Ensemble . . . . . . 253 000 quintaux.

La Tunisie possède environ 82 000 hectares de forêts de chênes-liège.

L'exploitation d'un pied de chêne-liège ne doit généralement commencer que lorsqu'il a atteint l'âge de 30 ans. En procédant plus tôt à sa mise en valeur on s'expose à compromettre la croissance de l'arbre, qu'ipourrait rester un sujet de mauvaise venue.

La récolte du liège se fait du 1er juin au 15 août; on le détache de l'arbre par plaques cintrées. Cette opération s'appelle « le démasclage ».

La première écorce, c'est-à-dire le premier liège naturel, sauvage, est dure, grossière, fendillée et impropre à convertir en bouchons, mais elle est employée à la fabrication du linoléum. On l'appelle le liège mâle. Le démasclage est une opération des plus délicates. Il y a lieu surtout d'observer l'état de l'arbre. S'il est vigoureux, l'enlèvement de la première écorce peut être effectué sur une hauteur de 5 à 6 mètres; si, au contraire, il est chétif, on ne doit retirer l'écorce que sur une hauteur de 2 mètres. Il faut éviter d'enlever aucune partie du liber ou partie herbacée.

Après cette première opération il se reforme sur l'arbre une nouvelle couche épaisse, appelée subéreuse ou liège femelle, qui se renouvelle tous les neuf à douze ans jusqu'à ce que l'arbre vienne à dépérir, ce qui arrive vers l'âge de 150 ans pour les arbres ayant poussé dans un bon sol d'un terrain bas. Dans les hauteurs l'arbre ne vit qu'une centaine d'années.

Les plaques de liège, lorsqu'elles sont détachées de l'arbre, subissent diverses préparations, savoir :

1° *Bouillage* pendant 40 à 45 minutes. Cette opération a pour effet de donner au liège son homogénéité et de permettre, au moyen de presses, de le redresser pour en faire des planches.

2° *Raclage* ou *enlèvement* de la croûte gercée, soit à la main au moyen d'une raclette, soit mécaniquement.

3° *Visure* des deux bouts des planches ou fragments de planches pour faire disparaître les irrégularités et pour permettre de juger de la qualité du liège.

4° *Classement* par épaisseurs et qualités.

5° *Mise en balles* pressées et ligotées, soit avec du fil de fer, soit avec du feuillard.

Le liège ainsi emballé par qualité et par épaisseur est appelé « liège préparé », et se trouve prêt à être livré aux fabricants de bouchons.

Les plaques de liège sans fentes, sans nœuds, à grain serré

4

et de couleur blanchâtre légèrement teintée de rose, sont les plus recherchées.

Le liège sert à la fabrication des bouchons. On en fait aussi des semelles imperméables pour l'intérieur des chaussures, des flotteurs pour les filets de pêche, des ceintures de sauvetage et de natation, des bouées, des planches à insectes, etc. Avec les déchets de liège et le liège mâle, on fait des briques. Pulvérisé et mêlé à l'huile de lin, le liège sert à la fabrication du linoléum. Calciné en vases clos, il fournit à l'imprimerie un noir précieux.

Dans la Section française, le liège a été représenté par la maison Louis Catelin, à Paris, et dans la Section algérienne par quarante et un exposants dont nous citerons, entre autres, les maisons :

La Compagnie algérienne, à Aïn-Regada ;

J.-B. Cazaubon, à Bougie ;

Gustave Dolfus, à El-Milia ;

Maril et Laverny, à Alger ;

La Société anonyme des forêts Sallandrouze de Lamornais, à El-Milia ;

La Société anonyme fusionnée des Lièges des Hamendas et de la Petite Kabylie ;

Albert Borgeaud, à Alger ;

La Société anonyme des Lièges de l'Edough.

Le liège de la Tunisie a été exposé par la direction des Eaux et Forêts de la Régence de Tunis.

Bois des iles.

Sous cette dénomination sont exposés tous les bois de couleur, originaires des pays chauds, utilisés par l'ébénisterie, la marqueterie, la lutherie, la gravure, la tabletterie et la menuiserie.

Ils sont appelés « bois des îles », parce que jadis on les tirait principalement des îles de la mer des Antilles : Cuba, Saint-Domingue, etc... Mais, depuis nombre d'années, ils arrivent en France de tous les pays tropicaux de l'Amérique, de l'Afrique, de l'Asie et de l'Océanie.

Les essences varient à l'infini et il s'en ajoute encore de nouvelles au fur et à mesure que l'on pénètre dans les forêts du Brésil et de la Guyane.

Les essences de l'Afrique tropicale française, où existe une réserve de bois considérable, viennent d'être étudiées et cataloguées d'une façon remarquable par M. Auguste Chevalier, sous-directeur de l'École des Hautes Études du Muséum, et le rapporteur des Colonies françaises, à l'Exposition de Bruxelles, en parlera certainement.

Nos exposants havrais et parisiens n'ont guère exposé, provenant de nos colonies d'Afrique, que de l'acajou de la Côte d'Ivoire et des ébènes du Congo français. Les autres espèces d'arbres, et elles sont nombreuses, sont encore négligées par la consommation européenne.

De toutes les variétés des bois des îles qui arrivent sur notre marché, les bois classiques restent toujours l'acajou, le palissandre, l'ébène, le bois de citron, le bois de rose, le bois de violette, l'amourette et le gaïac.

Dans l'acajou, les bois de valeur sont : les acajous veinés, moirés, flambés, ondés, chenillés et mouchetés.

De même, en palissandre, ceux à friser et ceux à coup de feux ramageux sont les plus recherchés.

L'exposition de tous ces bois de couleur rompt très heureusement la monotonie des bois communs tirés de nos forêts de France, et ils ont largement contribué au succès que les Classes 49 et 50 ont obtenu auprès du public.

Les exposants des bois des îles sont : MM. Gutzwiller, au Havre ; Hollande fils, à Paris ; Loisel (Georges), à Paris ; Magal (A.), à Paris ; Philippe frères, au Havre ; Pierrain et fils, à Paris ; Rachet, à Paris.

Rotins filés et coloriés. — Sièges et meubles en rotin.

Le mot *rotin* est synonyme de « rotang ». C'est une matière première dont l'emploi se généralise, se développe et que fournit le rotang, genre de palmier à tiges flexibles, type de la famille des Calamées.

Le rotang ou jonc provient principalement des îles de la Sonde : Bornéo et Sumatra. Le grand marché est Singapour.

Le port importateur en France est Le Havre.

Le rotang est employé dans toute sa grosseur ou fendu en lanières très minces.

Utilisé dans sa grosseur, il sert à faire les carcasses des sièges, fauteuils, chaises longues, etc.

Divisé en lanières minces, il devient du rotin filé dont la partie extérieure est plus ordinaire que la partie intérieure. Cette dernière est appelée moelle de rotin. Elle est sans défaut, peut être filée en grandes longueurs et se prête à la teinture en toutes couleurs. C'est avec la moelle de rotin que l'on fait des chaises et fauteuils de jardin, de la vannerie fine ; elle est utilisée dans la fabrication des aéroplanes, en raison de sa légèreté et de sa résistance. Son usage varie à l'infini.

La partie extérieure du rotin filé est tissée pour le cannage des sièges et banquettes.

Les rotins filés et les moelles de rotin teintes en toutes couleurs ont été exposés par la maison Ganot, de Paris.

Des sièges fabriqués ont été montrés en quantités variées par la maison S. Pilet, de Paris.

Sparterie.

La sparterie est une industrie qui consiste à fabriquer des tissus à bas prix, des nattes, des tapis, des cordages, etc., en utilisant principalement les fibres d'agaves dénommées fibres d'aloès, et les fibres de la noix de cocotier (palmier *nucifera*).

Les fibres d'agaves sont tirées des îles Philippines, du Mexique, de l'île Maurice, de l'île de la Réunion et du Centre africain.

Les fibres de la noix de coco proviennent de la côte de Malabar, des Indes anglaises et de l'île de Ceylan.

Avec les fibres d'agaves, on produit des cordages, des cordelettes, des franges en passementerie que l'on peut teindre en toutes couleurs. On en fabrique des hamacs ordinaires et de grand luxe, des dessous de plats, des tissus variés, des laisses pour chiens, des cordes à sauter, etc.

Avec les fils de coco, on fabrique des tissus bon marché, imputrescibles, tels que tapis-brosses et tapis rustiques pour vestibules, des nattes, des tapis tissés au métier Jacquard permettant d'imiter les moquettes en laine à dessins riches, etc.

Cette industrie est particulièrement bien représentée par la maison E. Dumont, à Paris.

Bois travaillés. — Parquets façonnés.

Les bois travaillés : manches d'outils, moyeux, roues, brancards, etc., ont été exposés par la maison Lacarrière, de Noyon, et les semelles en bois par MM. Carpentier, à Villers-Cotterets, et Chaux, à Périgueux.

Les parquets façonnés, c'est-à-dire rainés et languettés, avaient deux représentants : M. Bonnichon, à Nevers, et la Société d'importation de chêne, à Pantin.

Les parquets riches en mosaïques, plaqués et massifs, et les panneaux de marqueterie formaient un très beau stand organisé par MM. Ausseur et Hipp, à Paris.

Fabrication de caisses d'emballage.

La fabrication des caisses d'emballage est une importante industrie, principalement parisienne. Elle se divise en deux catégories :

1° Les fabricants de caisses pour l'emballage des produits alimentaires ou autres, qui confectionnent des caissettes et des boîtes sur lesquelles, presque toujours, sont marquées au fer rouge les adresses des fabricants des produits emballés.

2° Les emballeurs qui travaillent principalement pour l'exportation et qui fabriquent des caisses de toutes dimensions pour l'emballage des tissus, vêtements, meubles, pianos, statues, voitures, automobiles et aéroplanes.

Ces industriels sont arrivés à une telle perfection dans leurs emballages, au moyen de sangles, de fibres de bois, de bourrelets d'ouate, etc., qu'ils garantissent la livraison intacte, dans toutes les parties du monde, aussi bien des statuettes en biscuit de Sèvres que d'une automobile ou d'un lustre en verrerie de Venise.

Toutes ces caisses, grandes ou petites, sont faites en bois de peuplier dont la consommation est très importante.

Cette industrie est représentée, pour la fabrication des boîtes et caissettes, par M⁰ᵉ Louis Rigaut, et, pour l'emballage, par MM. Chenue, Tailleur fils, Thiercelin aîné et Boissée. à Paris.

Repeuplement des forêts. — Mise en valeur des terrains incultes. — Restauration des terrains en montagne.

Le repeuplement des forêts et la restauration des terrains en montagnes avaient deux représentants :

L'Association centrale pour l'aménagement des montagnes. dont le siège est à Bordeaux, et la Section lorraine de la Société forestière française des amis des arbres.

En raison des funestes conséquences que cause le déboisement, il serait à souhaiter que dans toute la France il se créât des associations sur le modèle de celles indiquées plus haut, afin d'encourager le reboisement partout où existent des terrains incultes et de reconstituer, dans nos contrées accidentées, l'armature végétale pour empêcher la dégradation des montagnes.

Commerce des bois.

La France exporte des bois en grumes de chêne, de hêtre et de noyer, des bois équarris. des perches et étançons de mines. des traverses de chemins de fer, du bois de chauffage. des charbons de bois et des parquets de chêne façonnés.

Elle importe des bois résineux : sapins blancs et rouges, du pitchpin, des sciages de chêne, des bois de noyer et des bois exotiques des pays chauds appelés également bois des îles.

Les transactions commerciales concernant le bois atteignent annuellement un chiffre très important. En 1908, le total des exportations et des importations s'est élevé à 251 477 000 francs.

Plan des Installations.

Surface totale : 280 m. carrés.

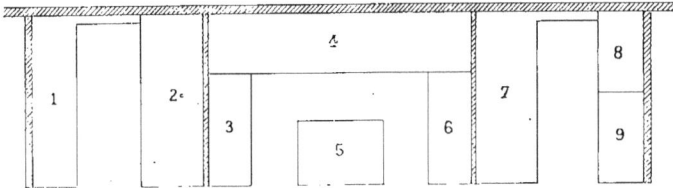

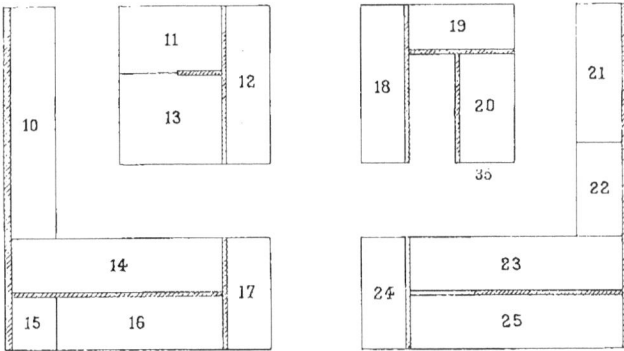

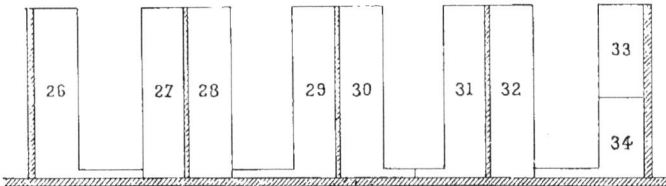

JEAN HOLLANDE FILS

EXPOSANTS HORS CONCOURS

MEMBRES DU JURY

~~~~~~~~~~~~~~

Hollande (Jean) Fils.

Bois des îles et d'ébénisterie.

114, rue de Charenton, à Paris.
Chantier annexe : 56, rue de Charonne, à Paris.

Médaille d'or, Paris, 1878.	*Hors concours, Paris, 1889.*
Hors concours, Hanoï, 1903.	*Grand prix, Saint-Louis, 1904.*
Grand prix, Liége, 1905.	*Grand prix, Milan, 1906.*
Hors concours, Londres, 1908.	*Membre du Jury.*

La Maison Hollande est des plus anciennes ; elle s'est continuée de père en fils, depuis 1828. M. Jean Hollande a succédé à son père en 1900. Ses expositions remarquables lui ont valu les plus hautes récompenses.

Dans les Classes 49 et 50, le stand de M. Hollande est garni de grands et de petits panneaux de bois exotiques indiquant aux visiteurs les sortes de bois qui sont importées par cette maison, en rondins ou en billes équarries, et dont elle fait un grand commerce.

Ne pouvant placer, dans les Classes 49 et 50, des billes de bois pesantes, en raison de la faiblesse du plancher, M. Hollande a fait une exposition annexe dans la grande galerie, Section de l'électricité, et a montré là :

Une bûche de bois de rose.

Une bûche de bois de violette.

Une bille de palissandre, et trois autres troncs d'arbres d'essences peu connues, savoir :

Une bille de Courbaril (Gonzalo Albes), genre palissandre, mais à grands ramages blancs et jaunes.

Une bille d'œil de vermeil à deux tons tirant sur le rouge rose.

Une bille de « péroba », bois particulièrement moiré, de toute beauté.

Ces bois ont eu un succès de curiosité et ont été très admirés.

Collaborateurs : MM. Richard (Jacques), Diplôme d'honneur:
Richard (Jacques) fils, Diplôme d'honneur ;
Fialon (Maurice), Médaille d'argent ;
Hannequin (Louis), Médaille d'argent.

Mathieu (Arthur) et fils aîné.

Bois de construction.

25, route de Flandre, à Aubervilliers (Seine).

Médaille d'argent, Liége, 1905.
Médaille d'or, Milan, 1906.
Diplôme d'honneur, Londres, 1908.

La maison a été fondée en 1870. Sa spécialité est le bois de construction.

Elle possède de grands chantiers à Aubervilliers, ainsi qu'une scierie mécanique avec parqueterie.

Actuellement, elle a également une exploitation forestière à Villiers-Saint-Georges (Seine-et-Marne) et une scierie mobile à Marchenoir (Loir-et-Cher).

Le stand nous montre des planches chênes de toutes les provenances : de France, de Hongrie et d'Amérique ; des bois de hêtre, des sapins de Suède, de Russie et de Finlande et des pitchpins.

La maison occupe un nombreux personnel et traite un important chiffre d'affaires sur Paris et ses environs :

Collaborateur : M. Audirac (Bernard), Médaille d'or.

Coopérateur : M. Van Elstraete, Médaille de bronze.

ARTHUR MATHIEU ET FILS AINÉ

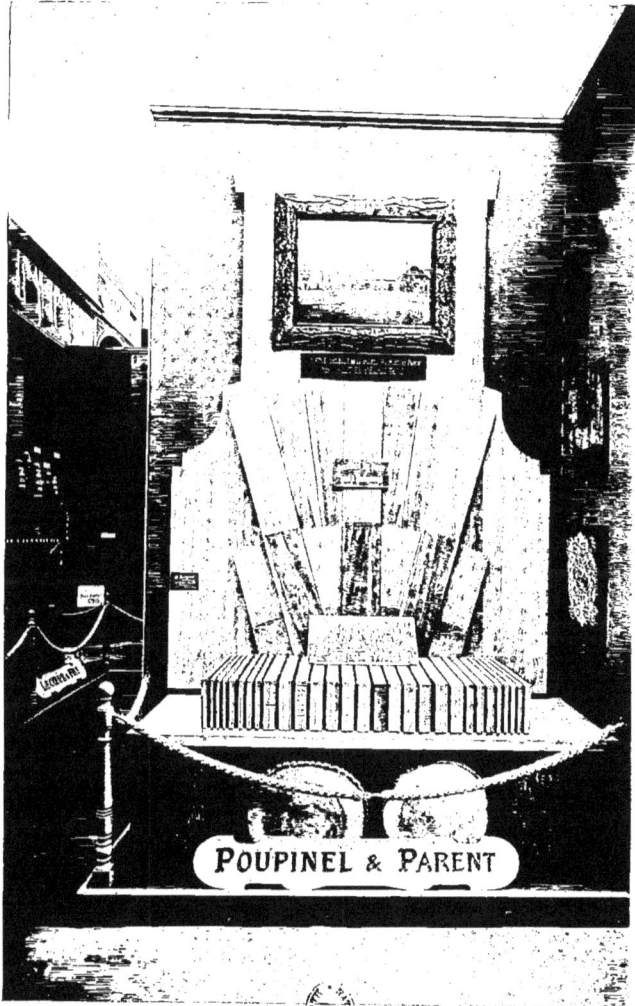

POUPINEL ET PARENT

Poupinel et Parent.

Exploitation et commerce de bois de peuplier.

37, quai de la Gare, à Paris.

Fondée en 1848 par M. Poupinel père, auquel M. Paul Poupinel, le titulaire actuel, a succédé, cette maison, qui fait un gros chiffre d'affaires, est l'une des plus importantes de Paris et s'occupe d'une façon spéciale et presque exclusive de l'exploitation et du commerce des bois de peuplier.

Elle doit son importance croissante à l'activité et au mérite de son chef. M. Paul Poupinel, depuis trente-deux ans président de la Chambre syndicale des bois de sciage et d'industrie. Il est également le très estimé président du Groupe IX à l'Exposition de Bruxelles et l'a été aux dernières Expositions internationales de Liége et de Londres.

M. Poupinel est officier de la Légion d'honneur et commandeur du Mérite agricole.

Depuis une quinzaine d'années, M. Parent, gendre de M. Poupinel, est également son associé.

Les bois de peuplier exposés par la Maison Poupinel et Parent sont très artistiquement présentés et de toute première qualité. Ils proviennent principalement des vallées de la Seine, de l'Yonne, de l'Oise, de l'Aisne et de la Marne.

Tous ces bois sont débités sur place au moyen de scieries mobiles et amenés par bateau à Paris, où ils sont entreposés dans leurs vastes chantiers du quai de la Gare.

La consommation annuelle de la maison n'est pas moindre de 30000 mètres cubes.

Les sciages de peuplier sont employés principalement dans l'ébénisterie et la gainerie pour les bois de qualité supérieure;

ceux de qualité ordinaire servent à la fabrication des caisses
d'emballage pour l'exportation et la consommation intérieure.

Collaborateurs : MM. Gilson (Paul), Diplôme d'honneur ;
Houx (Adolphe), Diplôme d'honneur.

Rachet (Georges).

Négociant-importateur en bois d'industrie, exploitations forestières.

3o et 32, avenue Philippe-Auguste, à Paris.

Médaille d'or, Hanoi, 1902.
—   —   Saint-Louis, 1904.
Grand prix, Liége, 1905.
Hors concours, Membre du Jury, Milan, 1906.
* —   —   Londres et Saragosse, 1908.*
* —   —   Bruxelles, 1910.*
Président des Classes 49 et 50 aux Expositions de Milan et de Londres,
et des Classes 38 à 46, à l'Exposition de Saragosse.
Chevalier de la Légion d'honneur en 1907.

Maison importante fondée en 1866 par M. Rachet père. Elle
fait un grand commerce de bois en grumes ou débités, en toutes
essences et utilisés par l'ébénisterie, la carrosserie, les facteurs
de pianos.

M. Rachet expose une fort belle collection de billes et de
panneaux de bois exotiques et indigènes, tels que noyer de
France, acajou, citron, ébène, bois de rose, etc.

A signaler tout spécialement de superbes panneaux de citron
moiré, d'acajou moucheté, une loupe de noyer de France, ainsi
qu'un magnifique et intéressant tableau montrant 75 échantillons
de bois les plus divers.

Collaborateurs : MM. Girard (Gabriel), Diplôme d'honneur ;
Chrétien (Léon), Médaille d'or :
Ranchoux (Eugène), Médaille d'or ;
Campominosi (André), Médaille d'argent.

GEORGES RACHET

SOCIÉTÉ D'IMPORTATION DE CHÊNE

Société d'importation de chêne.

Société anonyme française.

Siège social et chantiers de vente : 15, rue du Débarcadère, à Pantin (Seine).

Hors concours, Paris, 1900.
— — Liége, 1905.
M. Voelckel (Eugène), administrateur-directeur de la Société.
Chevalier de la Légion d'honneur depuis 1900.
Rapporteur du Jury de la Classe 50 en 1900.
Président des Classes 49 et 50 à l'Exposition de Liége, 1905,
et à celle de Bruxelles, 1910.

La Société d'importation de chêne fait l'exploitation des forêts de chêne et alimente les marchés de France (principalement Paris), la Belgique, la Hollande et l'Angleterre.

Ses produits sont les bois de chêne sciés : feuillets, planches, plateaux débités sur quartier et sur dosse, ainsi que les parquets façonnés.

C'est une des plus importantes maisons d'Europe dans ce genre d'industrie.

A Bruxelles, elle expose des lames de parquet de chêne et toute une série de bois de chêne sciés, principalement débités sur quartier en toutes épaisseurs, depuis 7 millimètres jusqu'à 90 millimètres. Tous ces bois sont remarquables par leurs dimensions et par leur belle qualité.

Collaborateur : M. Rauscher (Frédéric), fondé de pouvoir.
Diplôme d'honneur.

Coopérateur : M. Barjonet (Louis), Médaille de bronze.

GRANDS PRIX

Ausseur et Hipp.

Menuiserie et parquets.

51 *bis*, avenue de Ségur, à Paris.
Succursales : 102, rue Lafayette, à Paris.
78, rue du Bac, à Paris.

Maison fondée en 1814 par M. Bugniet.

Médaille d'argent, Paris, 1900.
— — et médaille d'or, Saint-Louis, 1904.
— d'or, Liége, 1905.
Diplôme d'honneur, Londres, 1908.

MM. Ausseur et Hipp font l'entreprise générale de la menuiserie, l'ameublement, la décoration, les escaliers, les parquets en tous genres ainsi que la reproduction des parquets anciens à la française, etc.

Ils occupent un nombreux personnel d'ouvriers, de contre-maîtres, de dessinateurs et sont outillés mécaniquement.

Ces messieurs ont fait une propagande active pour l'utilisation, dans les travaux, des nouveaux bois importés de nos colonies.

En 1890, ils ont créé pour leur personnel une Société de secours mutuels qui fonctionne très régulièrement et dans laquelle les contremaîtres et les commis ont leur part de direction.

De même, l'enseignement du dessin aux apprentis existe dans cette maison depuis de nombreuses années.

Ces institutions patronales font le plus grand honneur aux chefs de cette importante maison et à son personnel d'élite.

Collaborateur : M. Giacomotti, Médaille d'argent.

Coopérateur : M. Bourroux (René), Médaille de bronze.

AUSSEUR et HIPP

Bénex (Albert).

Exploitations de peupliers, bois d'emballage, d'ébénisterie et de menuiserie en peuplier et en grisard.

27, quai d'Ivry; 2 et 4, rue Victor-Hugo, à Ivry-Port (Seine).

Médaille d'argent, Saint-Louis, 1904.   *Grand prix, Saragosse, 1908.*
—   —   Liége, 1905.   *Hors concours, Membre du Jury,*
—   d'or, Milan, 1906.   *Londres, 1908.*

La très intéressante exposition de M. Bénex se compose :

1° D'un éventail contenant des échantillons de peuplier français (variété à peu près disparue), de peuplier régénéré de la vallée de l'Ourcq, de peuplier suisse, de peuplier blanc de l'Yonne, de peuplier carolin de la Marne, de peuplier d'Italie, de grisard et d'aulne de la vallée de l'Aube ;

2° D'échantillons de quartelots débités en 1, 2, 3 et 4 millimètres d'épaisseur ;

3° D'échantillons de Bourgogne, à 4 traits ;

4° D'échantillons de Champagne, à 3 traits, etc...

M. Bénex montre encore des billes de peuplier suisse de l'Aisne ; des billes de peuplier de Seine-et-Marne, débitées et reconstituées, etc...

La maison a été fondée en 1860, par le grand-père de M. Albert Bénex ; elle s'est spécialisée dans le peuplier.

Exploitation par six scieries mobiles et bateau-scierie.

Maison principale des exploitations à Méry-sur-Seine (Aube).

Collaborateurs : MM. Sauvage (Auguste), Diplôme d'honneur ;
                  Coutant (Paul), Médaille d'or ;
                  Duval (Lazare), Médaille d'or ;
                  Magrum (Georges), Médaille d'or.

Maison Bernot frères.

Commerce de combustibles.

160, rue Lafayette, à Paris.

Société en commandite par actions Bernot et Cie.

Mention honorable, Paris, 1889.
Médaille d'argent, Paris, 1900.
Diplôme d'honneur, Londres, 1908.

Cette Société expose des combustibles végétaux : agglomérés de charbon de bois, du charbon de bois, des allume-feux.

Les agglomérés de charbon de bois sont fabriqués dans son usine du boulevard de Charonne ; mais, en dehors de cette fabrication, la Maison Bernot vend chaque année, à Paris et dans la banlieue, environ 400 millions de kilogrammes de combustibles minéraux (houilles et cokes).

Elle possède en outre deux usines, l'une à Belleville, l'autre à Vaugirard, où elle fabrique annuellement 7 millions de briques à bâtir. Ces deux usines ont été créées pour éviter aux ouvriers de la maison les souffrances du chômage pendant l'été.

La Maison Bernot occupe 800 ouvriers et fait annuellement environ 20 millions d'affaires.

Elle a fondé pour son personnel : en 1886, une caisse de secours ; en 1890, une caisse de prêts gratuits ; en 1900, une petite colonie scolaire pour l'envoi d'une vingtaine d'enfants d'ouvriers aux bords de la mer ; en 1907, une Société de secours mutuels de livreurs et une Société de secours mutuels d'ouvriers : les deux Sociétés sont subventionnées par la maison.

Depuis 1901, le personnel est intéressé aux bénéfices sociaux, et de ce fait il lui a été réparti jusqu'à ce jour une somme de 406 000 francs.

Collaborateur : M. Kahn (Gustave), Médaille d'argent.

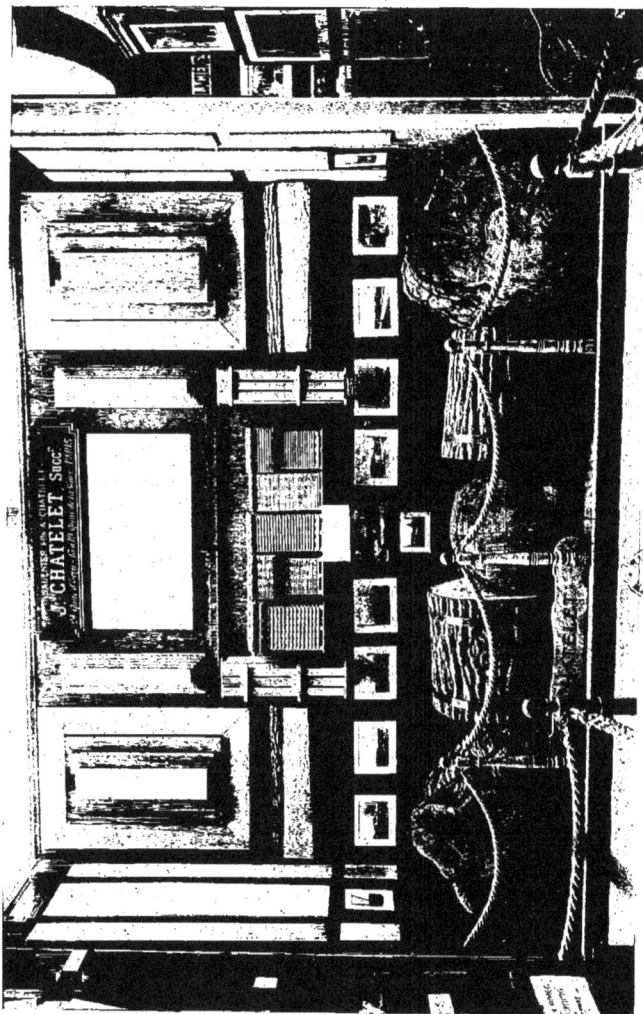

Chatelet (Jules).

Bois de sciage.

13 à 19, quai de la Gare, à Paris ; et 24, quai d'Ivry, à Ivry-sur-Seine.

Ancienne maison Saulnier fils et Chatelet.

Médaille d'argent, Milan, 1906.
Diplôme d'honneur, Londres, 1908.

Le stand de la Maison Chatelet est l'un des plus intéressants de la Classe 50. On n'y voit que du peuplier, dont la maison fait sa spécialité. D'énormes tronçons, bien choisis, indiquent que les peupliers peuvent atteindre de gros diamètres.

M. Chatelet expose quelques magnifiques panneaux de peuplier sciés, et il complète l'attrait de son exposition par des vues photographiques et une série de piles en miniature montrant au visiteur les divers modes d'empilage.

Les principales pièces exposées proviennent de la Haute-Seine, des environs de Bar-sur-Seine, des départements de Seine-et-Marne et de l'Aisne.

La maison a été fondée en 1860 ; elle occupe 300 ouvriers, tant à Paris qu'en province.

L'exploitation se fait au moyen de scieries mobiles. En 1869, la maison s'était fait breveter pour un bateau-scierie.

Tous les produits sciés viennent à Paris et à Ivry sur les chantiers de la Maison Chatelet, qui ont une superficie de 22 000 mètres carrés.

Les produits de choix servent à l'ébénisterie, et les bois ordinaires sont achetés par les emballeurs, principalement pour la fabrication des caisses destinées à l'exportation.

Coopérateur : M. Lénac (Etienne). Médaille de bronze.

Chenue.

Emballeur — expéditeur.

5, rue de la Terrasse, à Paris.

Médaille d'argent, Paris, 1900.
Diplôme d'honneur, Londres, 1908.

La Maison Chenue présente divers modes et procédés d'emballage :

L'emballage d'un tableau dont le cadre est fixé sur des traverses par des vis;

Une statue marbre emballée à la cale molletonnée, formant compartiment avec serrage à clés et vissé;

Un groupe en biscuit de Sèvres emballé en caisson.

Ces divers procédés d'emballage montrent que les objets les plus fragiles peuvent être emballés pour l'exportation sans crainte aucune de casse ou de détérioration.

M. Chenue expose encore des appareils spéciaux donnant toute sécurité pour le transport des sculptures.

La Maison Chenue a été fondée en 1760; elle est dirigée de père en fils, depuis 1802.

Fournisseur de la Présidence de la République, des Ministères, des Manufactures nationales, des Musées nationaux et de divers Musées étrangers.

Collaborateur : M. Rochefort (Auguste), Diplôme d'honneur.

E. DUMONT

Dumont (E.).

Sparterie.

18, rue Perrée, et 1, rue Paul-Dubois, à Paris.

Usine à vapeur à Dammartin-en-Serve (Seine-et-Oise).

Hors concours, Chicago, 1893.	Médaille d'or, Paris, 1900.
Grand prix, Hanoï, 1902.	Grand prix, Saint-Louis, 1904.
— — Liége. 1905.	— — Londres, 1908.

Les matières premières employées par M. Dumont consistent en fibres d'agaves, dénommées fibres d'aloès, et en fils de coco tirés de la noix du cocotier (*Palmer nucifer*).

Les fibres d'agaves proviennent des îles Philippines, du Mexique, de l'île Maurice, de l'île de la Réunion et du Centre africain.

Les fibres de coco sont importées de la côte de Malabar, des Indes anglaises et de l'île de Ceylan.

Les articles exposés par M. Dumont consistent en hamacs avec applications de franges en passementerie, tapis rustiques, carpettes riches, tissés au métier Jacquard, imitant les moquettes de laines, des dessous de plats, etc...

La corderie est représentée par deux pyramides de cordelettes différemment nuancées.

Tous les articles sont fabriqués par M. Dumont, dans son usine de Dammartin-en-Serve, où s'effectuent la filature, la teinture et le tissage des diverses fibres exotiques.

Cette usine occupe une centaine d'ouvriers et a été fondée en 1839.

Le tiers de la production est exporté.

L'exposition est très artistiquement présentée.

Coopérateurs : M. Lainé (Edouard), Médaille de bronze ;
Mᵐᵉ Tunck, Médaille de bronze.

Meurisse Frères,

à Lille.

Exploitations forestières — scieries mécaniques.

MM. Meurisse Frères descendent d'une vieille famille de marchands de bois. Ils ont un chantier de vente à Lille et leurs exploitations forestières se font actuellement dans les départements de la Meuse, de la Marne, de la Haute-Marne et de l'Aisne.

L'importance de ces exploitations représente annuellement environ 250 hectares d'après leurs déclarations.

Les bois de taillis sont transformés en perches ou en étançons et étais pour les mines. Les grumes hêtre, charme, tremble, bouleau, aulne, etc..., sont destinées à l'industrie du meuble ou à la confection des sabots, formes, semelles, etc... Les chênes sont charpentés pour les Compagnies de Chemins de fer ou vendus en grume. Ceux qui ne sont pas trop éloignés des scieries sont débités en feuillets, planches ou madriers sur quartier ou sur dosse.

Ce sont des sciages de chêne débités sur quartier en différentes dimensions que la Maison Meurisse a exposés.

Pierrain et Fils.

Bois des îles et de France.

36, rue de Picpus, à Paris. Maison au Havre, 4, rue Aufray.

Diplôme d'honneur, Liége, 1905.
—   —   Milan, 1906.
Hors Concours, Membre du Jury, Londres, 1908.

Maison fondée en 1863. Elle fait surtout les bois des îles et principalement les acajous. D'importants chargements d'acajou lui arrivent de Cuba, de Tabasco et de l'Afrique équatoriale.

PERRAIN ET FILS

PRÉAUDAT

Elle reçoit également des bois de tulipier, de citronnier, ainsi que des palissandres des Indes et du Brésil et de Madagascar et tous autres bois de couleurs.

MM. Pierrain et Fils font aussi le commerce des bois de France, tels que le noyer, le chêne, le hêtre, le frêne, le peuplier, etc.

L'exposition de cette maison, fort bien présentée, a retenu l'attention du Jury. A citer spécialement une feuille provenant d'une loupe de noyer absolument remarquable et fort rare.

Les autres panneaux se composaient d'acajou moiré, moucheté; de citron, de palissandre, de thuya, etc.

A signaler également une magnifique bûche en bois de rose.

M. Pierrain père exerce le commerce depuis 40 ans; il est président honoraire de la Chambre syndicale des bois des îles et d'ébénisterie de Paris.

Collaborateur : M. Christian (Jean), Diplôme d'honneur.

Coopérateur : M. Billion (Claude), Médaille de bronze.

Préaudat.

Bois de construction, scierie mécanique.

3o, quai de Seine, à Courbevoie (Seine).

Médaille d'or, Milan, 1906.
Diplôme d'honneur, Londres, 1908.

Tous les bois exposés par M. Préaudat proviennent de ses exploitations forestières et sont préparés par lui pour servir à la menuiserie, à la carrosserie, à la charpenterie, au charronnage, etc.

Les chantiers et scierie se trouvent à Courbevoie ; les exploitations dans les forêts de Saint-Germain, de Marly, des Marêts, Saint-Dizier, Trois-Fontaines, Conches, Laigle, Breteuil, etc.

Chiffre d'affaires, environ 1 500 000 francs.

Nombre d'ouvriers, environ 100 à 200.

M. Préaudat a donné à son stand une forme architecturale qui a été fort admirée.

Collaborateur : M. Geysen (Hector), Médaille d'or.

Mme Rigaut (Louis).

Bois d'industrie, manufacture de meubles et de caisses d'emballage.

72 à 80, quai de la Loire, Paris-Villette.

Médaille d'argent, Paris, 1900.
— d'or, Hanoï, 1902.
— — Saint-Louis, 1904.
Diplôme d'honneur, Liége, 1905.
Grand prix, Milan, 1906.

2 grands prix, Londres, 1908,
Grand prix, Quito, 1909.
Hors concours, Membre du Jury,
Saragosse, 1908.
Hors concours, Buenos-Aires, 1910.

La Maison Rigaut, tout en faisant le commerce des bois, est surtout une des plus importantes fabriques de meubles et de caisses d'emballage à Paris.

Pour la confection des meubles en bois blanc et des caisses, de grandes quantités de sciages de peupliers lui sont nécessaires, et, pour s'assurer la matière première, la Maison Rigaut fait elle-même l'exploitation de ces bois, principalement dans la vallée de l'Ourcq. A la mort de son mari, Mme Rigaut a pris la direction de la maison; elle la dirige avec une rare compétence.

Les ateliers et les chantiers, situés au bassin de la Villette, occupent une superficie d'environ 10 000 mètres carrés. L'usine est actionnée par une machine à vapeur de 250 chevaux de force; 350 ouvriers sont employés par cette maison; 11 000 à 15 000 mètres cubes de bois d'industrie sont consommés annuellement dans la fabrication des meubles et des caisses d'emballage.

Mme Rigaut expose de beaux échantillons de peuplier, de hêtre, des caisses d'emballage, du mobilier scolaire, des meubles en tous genres y compris les meubles de cuisine, et quelques bois de couleur de nos colonies d'Afrique qu'elle essaie de faire adopter dans la fabrication des meubles.

Coopérateurs : MM. Keitel (Émile), Médaille de bronze;
Leuck (Jean), Médaille de bronze.

MAISON LOUIS RIGAUT

SÉBASTIEN FRÈRES

Sébastien Frères.

Bois de sciage et d'industrie.

Chantiers, scieries et parqueteries, 5, 7 et 9, rue Rataud,
et 18, rue des Entrepreneurs, à Paris ; quai de France, à Rouen.

Médaille d'or, Saragosse, 1908.
Diplôme d'honneur, Londres, 1908.

La Maison Sébastien Frères, qui est actuellement une des plus importantes de France dans son genre d'industrie, a été fondée en 1852 par M. Philippe Sébastien, grand-père des exposants.

Elle occupe dans ses trois chantiers et usines 350 ouvriers et employés et fait un chiffre d'affaires très important en sapins importés, en chêne de France et toutes autres essences de bois communs.

Les objets exposés par MM. Sébastien Frères sont composés de sapin rouge de Suède, de sapin blanc de Suède et de Riga, de pitchpin, de sciages de sapin débités spécialement pour la couverture des maisons, de rondelles de charme et de hêtre et de parquets chêne et sapin façonnés.

M. Maurice Sébastien, le frère aîné, est juge suppléant au Tribunal de Commerce de la Seine.

Thiercelin aîné et Boissée.

Emballeurs-expéditeurs.

40, rue Laugier, à Paris.

Médaille d'argent, Paris, 1889 et 1900.   Diplôme d'honneur, Liége, 1905.
— d'or, Saint-Louis, 1904.   Grand prix, Londres, 1908.

Vieille maison, fondée en 1825, très importante. Spécialité d'emballage des objets de grandes dimensions.

Elle expose en réduction :

Un modèle d'emballage de voiture automobile;

Un modèle d'emballage de canot automobile;

Un modèle d'emballage d'un aéroplane Blériot;

Un modèle de caisses démontables pour le transport de ces mêmes objets;

Un modèle de cadre avec suspension spéciale pour le transport des voitures, breveté en France;

Des caisses et des caissettes d'emballage.

La maison a des succursales rue Bayen, n°ˢ 71 et 68, et faubourg Saint-Honoré, n° 106; elle occupe un personnel de 130 employés, ouvriers ou camionneurs.

Chaque année la maison emballe et transporte plus de 3 000 voitures; elle est chargée, depuis 32 ans, par le Gouvernement français, des emballages pour les services de la Marine et des Colonies.

Elle consomme par an 4 000 à 5 000 mètres cubes de bois de peuplier.

Coopérateur : M. Lachmann (Louis), Médaille de bronze.

GASTON CARPENTIER

DIPLÔMES D'HONNEUR

~~~~~~~~~~~

Carpentier (Gaston).

Commerce de bois et scierie mécanique,

à Villers-Cotterets (Aisne).

Médaille d'or, Londres, 1908.

L'exposition de la Maison Carpentier donne un aperçu des magnifiques débits en bois de hêtre et de charme qui sont faits dans son usine.

On remarque également une panoplie faite avec des semelles et des porte-habits dont le fini du travail est parfait.

Cette maison a été fondée en 1860, à Noyon (Oise).

L'usine de Villers-Cotterets a été créée en 1878, par M. Henri Carpentier, père de M. Gaston Carpentier.

Au début on n'y faisait que des bois de sciage, mais par la suite, et afin d'utiliser tous les petits bois et les déchets de scierie, il y a été adjoint la fabrication des semelles, des porte-habits et autres articles en bois.

Actuellement, elle occupe un nombreux personnel d'ouvriers et d'employés, sans compter les voituriers utilisés aux transports des grumes et des produits.

La maison débite annuellement 25 à 30 000 mètres cubes de bois de hêtre, chêne et charme.

Au point de vue hêtre, elle est certainement une des plus importantes de France.

Les grumes sont tirées en majeure partie de la forêt de Villers-Cotterets.

7

Entrepôt d'Ivry.

Desouches (Maxime) et C\ie, place de la Trinité, à Paris.

Hors concours, Membre du Jury, Paris, 1889 et 1900.
Médaille d'or, Liége, 1905.

L'Entrepôt d'Ivry expose à Bruxelles un intéressant tableau de toutes les variétés de charbon de bois, dont il est resté le principal vendeur de Paris. Il expose également tous les agglomérés de charbon de bois fabriqués par son usine d'Ivry, et en particulier les « Bûches de Noël » brûlant 12 heures sans odeur ni fumée et les briquettes « Monopole » pour couveuses et chaufferettes.

L'Entrepôt d'Ivry, fondé en 1850 par M. Charles Desouches, est actuellement dirigé par son fils, M. Maxime Desouches.

Il a continué les bonnes traditions paternelles qui ont fait de l'Entrepôt d'Ivry une maison de confiance.

C'est toujours le dessin de Daumier qui servit à la première affiche illustrée parue sur les murs de Paris, qui symbolise la maison. Tout le monde connaît le geste de contentement et de stupéfaction de la cuisinière qui voit entrer dans sa cuisine le livreur courbé sous le poids de son sac.

RAYMOND LACARRIÈRE

Lacarrière (Raymond).

Scierie et tournerie,

à Noyon (Oise).

Médaille d'argent, Paris, 1878.
— d'or, Londres, 1908.

Cette usine fabrique principalement des moyeux en orme tortillard, des manches d'outils en frêne et en charme, des brancards et des roues cintrées en frêne.

De très beaux échantillons de ces produits bruts et façonnés, disposés en panoplies dans le stand de son exposition, y réalisaient un très heureux effet décoratif.

Le Jury a surtout remarqué deux roues cintrées dont chacune est faite d'un seul morceau de bois de frêne. Pour cette fabrication il a fallu une qualité de frêne tout à fait exceptionnelle.

L'usine de Noyon a été fondée en 1871, par M. Henri Carpentier. Elle fut détruite par un incendie en 1906, mais immédiatement reconstruite par M. Lacarrière selon les procédés les plus modernes : installation en courant alternatif triphasé, actionnant tous les outils au moyen de 15 moteurs électriques.

M. Lacarrière débite annuellement 4000 mètres cubes de bois de frêne et 3000 mètres cubes de bois d'orme et d'autres essences.

Il occupe une centaine d'ouvriers.

Collaborateurs : MM. Allain, Médaille d'argent ;
Leroy (Cléophas), Médaille de bronze.

Lecœur et Fils.

Produits forestiers.

2, 4, 6, 8, boulevard de la Bastille, à Paris.

Exploitation forestière à Cossaye (Nièvre).

Hors concours, Membre du Jury, Vienne, 1889.
— — — — Paris, 1900.
— — — — Hanoï, 1902.
Médaille d'argent, Saint-Louis, 1904.
— d'or, Milan. 1906.

Sous la forme d'une cheminée du moyen âge, la Maison Lecœur et Fils présente une intéressante exposition des produits forestiers d'une coupe de bois de la Nièvre :

Bois d'industrie, sciages pour menuiserie et pour parqueterie, traverses de chemins de fer, sabots, jougs de bœufs, lattes, etc. ;

Bois de chauffage : chêne, charme, hêtre, orme, etc... ;

Bois pour la boulangerie, margotins pour l'allumage des feux, écorces pour tannerie.

Enfin l'on remarque le modèle réduit des bateaux descendant le bois de chauffage de Clamecy à Paris (450 stères environ par chargement) et le spécimen d'un protecteur de scie circulaire. Ce protecteur couvre automatiquement la scie : il est déposé au musée des Arts et Métiers.

Le débit annuel de la Maison Lecœur et Fils est d'environ 25 000 stères de bois de chauffage.

Pitet (S.).

Fabrique de sièges et meubles de jardin.

237, boulevard Voltaire, à Paris.

Médaille d'argent, Paris, 1900.
— d'or, Londres, 1908.

M. Pitet expose des sièges et des meubles en rotin de l'Inde et jonc colorés.

R & FILS · Maison fondée en 1830

PRODUITS d'une EXPLOITATION FORESTIÈRE
et de la Nièvre

LECŒUR ET FILS

Le rotin est un bois très flexible importé des Indes, spécialement de Singapour, qui s'emploie dans toute sa grosseur et aussi fendu en minces lanières. Nous donnons quelques renseignements sur cette matière première en tête de notre rapport.

Avec les mélanges de couleurs que l'on arrive à faire subir au rotin, l'on obtient des sièges et des meubles élégants, de bon goût, d'une souplesse et d'une légèreté incomparables.

La fabrique de M. Pitet existe depuis 1875 et n'a fait qu'augmenter; elle occupe une trentaine d'ouvriers.

M. Pitet est le créateur de quantités de modèles déposés de sièges pour jardins, terrasses de cafés, halls d'hôtel, etc... Il fabrique aussi des banquettes en rotin pour chemins de fer et tramways.

Ce genre de fabrication a été exposé dans la Classe 32.

Grâce à l'obligeance de M. Pitet, nos Classes ont été garnies de sièges de sa fabrication dont le public a largement profité.

Coopérateurs : MM. Launay (Louis), Médaille de bronze ;
Pitet (Lucien), Médaille de bronze.

Poisson (Eugène)

Marchand de bois.

61 et 63, rue d'Allemagne, à Paris.

Médaille d'or, Paris, 1900.
—   — Liége, 1905.
—   — Milan, 1906.

M. Poisson expose des parquets en chêne, des boulins, des lattes, des pavés créosotés, des rondelles d'arbres, etc..., le tout servant d'échantillons des marchandises dont il fait le commerce.

Il vend également des bois de sapins du Nord, qu'il importe directement, et fait la location des échafaudages.

Il occupe 40 à 50 ouvriers et employés.

Son chiffre d'affaires est important.

M. Poisson a pris la suite de la Maison Mathieu (Achille), dont la fondation remonte à 1834.

MÉDAILLES D'OR

Association centrale pour l'aménagement des montagnes.

142, rue de Pessac, à Bordeaux (Gironde).

Président :   M. Descombes, directeur honoraire des manufactures de l'Etat.

Secrétaire général : M. Girard, ingénieur agronome.

Médaille d'argent, Liége, 1905.

L'Association expose un tableau graphique de l'Œuvre, des plans des territoires de l'Association, des devis de travaux ;
Les publications de l'Association :

1er Congrès de l'aménagement des montagnes, 1905 ;
2e Congrès de l'aménagement des montagnes, 1906 ;
Congrès international de l'aménagement des montagnes, 1907 ;
La défense des montagnes ;
Le centime de reboisement ;
Les leçons de choses de l'A. C. A. M. ;
Le petit ami des arbres et des plantations ;
Des dessins, gravures et photographies ;
Statistique de la propriété communale dans les Pyrénées ;
Des propositions de lois étudiées par l'A. C. A. M., etc.

C'est une association désintéressée de reboisement et d'amélioration pastorale, qui cherche à instruire les montagnards par des leçons de choses.

Elle a organisé une vaste propagande pour le reboisement et la défense des montagnes.

ÉTABLISSEMENT THOLLON
POUR MEILLEURE D'ART
LE VÉSINET-LE PECQ PRÈS PARIS

GNE

EUGÈNE BOULOGNE

Elle travaille sur 10 territoires affermés dans 3 départements des Pyrénées, couvrant 6 661 hectares.

Elle occupe 4 gardes forestiers et un certain nombre d'ouvriers.

Cette Association mérite les encouragements des pouvoirs publics.

Collaborateur : M. Durègne (Emile), Médaille de bronze.

Coopérateur : M. Péclose (Bernard), Mention honorable.

Établissements Boulogne (Eugène).

Commerce de bois et de matériaux de construction au Pecq (Seine-et-Oise).

Entreprise de menuiserie au Vésinet (Seine-et-Oise).

Les bois exposés proviennent soit des exploitations mêmes de M. Boulogne, soit d'importations directes des pays d'origine. Nous y voyons du chêne de France, du noyer de France, d'Afrique et d'Autriche, du pitchpin, du hêtre, du frêne, du sapin.

Outre le chantier des bois du Pecq, la Maison Boulogne possède un atelier de menuiserie au Vésinet, pourvu d'un important outillage moderne et perfectionné.

La menuiserie du stand a été exécutée dans ces dits ateliers.

Maison fondée en 1860.

Chiffre d'affaires important. Nombreux personnel.

M. Boulogne dirige gratuitement, depuis vingt-quatre ans, au Vésinet (Seine-et-Oise), des cours de travaux manuels pour le travail et l'exploitation des bois. Cette école professionnelle a reçu un grand prix à l'Exposition de Saint-Louis, en 1904.

Coopérateur : M. Hettich (Jacques), Médaille de bronze.

Catelin (Louis).

Lièges.

28 et 29, avenue de Wagram, à Paris.

Médaille d'argent, Londres, 1908.

M. Catelin expose dans une vitrine les produits de sa fabrique de bouchons de Cogolin (Var), c'est-à-dire de très beaux spécimens de bouchons de toutes catégories et d'autres articles en liège.

Maison faisant un chiffre d'affaires de 900 000 francs.

Occupe 50 ouvriers ou ouvrières.

Expose également en 1910 à l'Exposition universelle de Buenos-Aires.

Établissements Chaux (F.),

à Périgueux. Usine à Montignac (Dordogne).

M. Chaux expose des bois de noyer débités, de toute beauté, magnifiquement veinés, principalement des bois préparés pour crosses de fusils. Il montre également des bois sciés en panneaux pour l'ébénisterie et des semelles en bois, le tout en noyer que l'on trouve encore dans la Dordogne, le Lot, l'Aveyron, la Corrèze, la Charente, la Charente-Inférieure et la Vienne, départements qui alimentent son usine.

M. Chaux a des dépôts à Paris et à Saint-Etienne, à Londres et à Birmingham, à Liége, à Rotterdam, et à Springfields (Amérique).

L'usine de Montignac est fort bien organisée : elle possède une double source d'énergie : turbine hydraulique et machine à vapeur. Les chaudières fournissent aussi la vapeur nécessaire au fonctionnement des étuves.

L'outillage est des plus modernes.

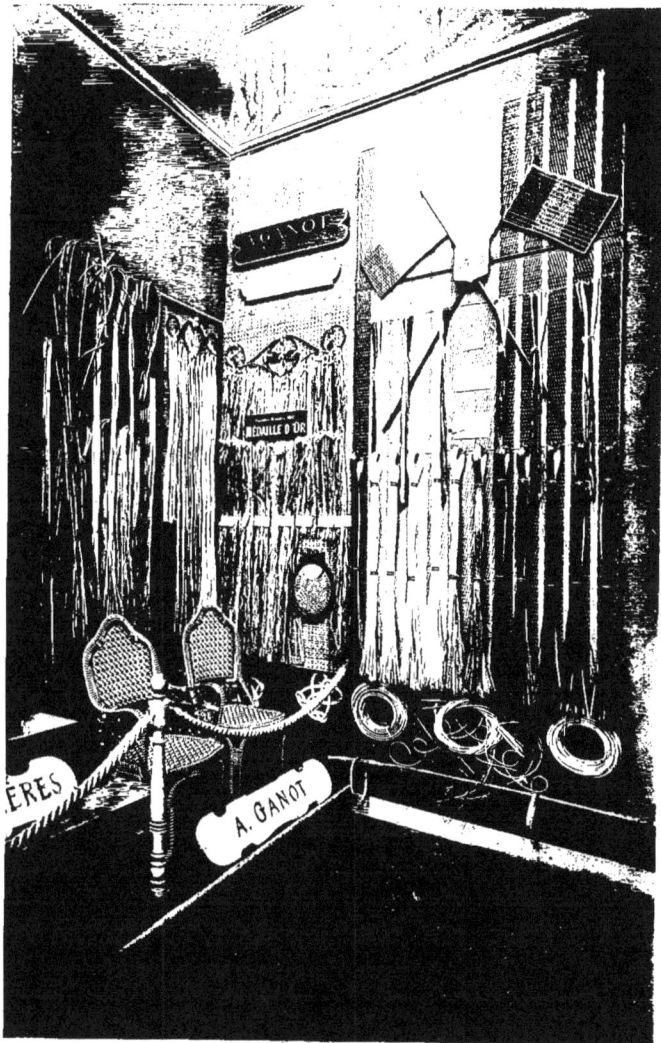

ALPHONSE GANOT

M. Chaux, qui est membre de la Chambre de commerce et censeur de la Banque de France à Périgueux, a fondé depuis plusieurs années pour son personnel une Société de secours mutuels.

Après lui avoir fourni un capital initial, il continue à la subventionner annuellement.

Ganot (Alphonse).

Filature de rotins des Indes, moelles brutes, refilées et fendues.

93, rue de Montreuil, à Paris.

Médaille d'argent, Paris, 1900.
— d'or, Londres, 1908.

La matière première exploitée est le « rotang », autrement dit le rotin, de provenance des îles de la Sonde, principalement Bornéo et Sumatra.

Le rotin filé et la moelle de rotin servent à la fabrication des sièges, de meubles de jardin, de vannerie, carrosserie, tapisserie, etc.

La moelle de rotin rend un très grand service dans l'aviation, en raison de sa légèreté et de sa grande résistance.

M. Ganot expose ses divers produits qui sont manufacturés dans ses usines, l'une située 93, rue de Montreuil, l'autre à Bagnolet. Cette dernière est spécialement affectée à la fabrication des joncs et éclisses vernis.

La maison a été fondée par M. Ganot il y a environ vingt ans; elle est une des principales de France. Le nombre des ouvriers employés est de 120.

N

Gutzwiller (C.).

Bois exotiques.

151, rue Victor-Hugo, au Havre ; 21, rue de la Plaine, à Paris.

M. Gutzwiller est un des grands importateurs de bois exotiques du Havre.

Il concourt pour la première fois dans une Exposition universelle internationale, et expose dans un stand important des bois de couleur sous diverses formes : en bûches, en planchettes, en panneaux et en billes équarries.

Les essences les plus variées sont représentées ; il n'est pas possible de les énumérer toutes ; les plus connues sont les acajous de Cuba, du Mexique et de l'Afrique centrale ; les palissandres du Brésil et des Indes ; l'ébène, le citronnier, le bois de rose, le noyer et le pitchpin.

Tous ces bois sont bien choisis et bien présentés et ont été admirés par le jury.

Collaborateur : M. Hauet, Médaille d'argent.

Loisel (Georges).

Bois des îles et de France.

6 et 8, rue Basfroi, à Paris.

Médaille d'or, Saint-Louis, 1904.
Grand prix, Liége, 1905.

M. Georges Loisel succède à son père, M. Stéphane Loisel.

Il expose une série de panneaux vernis, remarquables tant par leur rareté que par leur grande variété.

Il montre encore une jolie loupe de frêne et une belle bille de faux-satiné vernie sur une face. C'est le spécimen d'un bois que la Maison Loisel importe directement depuis quinze ans et qu'elle est seule à recevoir. Ce bois s'emploie dans la fabrication des meubles riches, où il joue très bien le vrai satiné, bien que son prix soit de beaucoup inférieur à ce dernier.

C. GUTZWILLER

GEORGES LOISEL.

A.MAGAL

Magal (A.).

Bois des îles et bois indigènes.

49, rue de Charonne, à Paris.

C'est la première fois que M. Magal participe à une Exposition internationale; ses produits n'en sont pas moins très bien présentés et sélectionnés avec beaucoup de goût.

Les principales pièces exposées sont :

1° Une bille satiné de la Guyane française, d'une valeur de 3 000 francs, bois très rare ;

2° Une bille acajou moucheté de Cuba :

3° Une fourche acajou du Congo français, très recherchée pour le meuble style Empire ;

4° Une loupe de noyer des environs de Batoum, bois servant pour la fabrication des pianos ;

5° Une bûche bois de rose provenant du Brésil, bois employé pour meubles de salons.

M. Magal expose encore des panneaux divers : frêne de Hongrie, noyer de France, érable blanc, cerisier du Canada, etc.

La maison fait la spécialité des bois des îles, principalement en placages, qui sont exportés dans le monde entier.

Chiffre d'affaires important.

Philippe Frères.

Bois exotiques d'ébénisterie.

60, rue Dumont-d'Urville, au Havre.

Maison fondée en 1897.

L'exposition de cette maison est une des plus belles des Classes 49 et 50. Elle a été faite avec beaucoup d'art et rendue très intéressante par la façon dont les bois ont été présentés. Des quantités de petites bûches ont été placées en gradins et montrées partie à l'état brut, tel que le bois est importé, et partie façonnée et vernie afin d'en indiquer les couleurs et les différents veinages.

Les noms de ces bois sont les suivants :

Ebène (10 variétés), Pakwood, Grenadille, Violette, Orange, Palmier, Iris, Cocobollo, Palissandre, Oro moucheté, Buis, Santal, Cochenille, Genre de bois de rose, Cornouiller, Tréjo, Bois de Bahia, Bois d'or, Cèdre à crayons, Piment, Cardinal, Andrévolo, Caliatour, Kikwood, Satiné, etc.

D'autres bois ont été exposés sous forme de panneaux et de rondins : Acajou, Corail, Citronnier, Palissandre, Amaranthe, Erable moucheté, Chêne ondé et Vikado.

Parmi les types de bois particulièrement remarquables au point de vue de leur rareté, il faut signaler le Chêne tigré, l'Ebène tigrée provenance du Gabon, une pièce de bois d'Amourette de dimensions et de qualité exceptionnelles, un quartier bois de rose extra.

Cette maison a installé une succursale à Thiers (Puy-de-Dôme) pour la fourniture des bois pour la coutellerie, et des agences et dépôts à Lyon, Nantes et Lille.

Elle a toujours 3500 à 4000 tonnes de bois en stock et importe annuellement 12000 à 15000 tonnes.

Section lorraine de la Société forestière française des amis des arbres.

Siège social : Hôtel de la Chambre de Commerce, à Nancy.

Fondateur et Secrétaire général :

M. Martin (Paul), 7, place de la République, à Toul.

Médaille d'argent, Liége, 1905.

La Section lorraine de la Société forestière française des amis des arbres expose dans un vaste tableau le résumé de ses nombreux travaux, ayant pour but d'intéresser les habitants de la région de l'Est à tous les faits concernant la sylviculture et prin-

PHILIPPE FRÈRES

cipalement au reboisement et à l'aménagement des terrains incultes.

La Section lorraine des amis des arbres encourage de tout son pouvoir, et pécuniairement dans la mesure de ses moyens, la création de sociétés scolaires forestières en vue de développer dans la jeunesse lorraine le goût de la sylviculture et l'amour des arbres.

La Société forestière française des amis des arbres a été créée par le Touring-Club de France.

La Section lorraine a été fondée en 1901, par M. Paul Martin, secrétaire général, sylviculteur et publiciste forestier, à Toul.

Le président actuel est M. René Claude, ingénieur des Arts et Manufactures à Nancy, sylviculteur distingué, qui ne néglige rien de ce qui peut assurer la réussite de l'œuvre entreprise.

Deux vice-présidents lui sont adjoints :

M. Ch. Guyot, directeur honoraire de l'École Nationale des Eaux et Forêts, et M. Henry, sous-directeur de cette école, deux personnalités bien connues dont l'éloge n'est plus à faire.

M. Paul Martin, secrétaire général de la Section lorraine, fait preuve dans ses fonctions du plus grand zèle et seconde de son inlassable activité les vues du président. Il recrute dans tous les pays d'Europe des sociétaires et des bienfaiteurs pour la Société, qui compte actuellement plus de 700 membres actifs et 110 membres perpétuels.

C'est une association fort bien menée et qui mérite tous les encouragements possibles des pouvoirs publics.

Tailleur Fils.

Emballeurs-expéditeurs.

63 et 78, rue du Cherche-Midi, à Paris.

La Maison a été fondée en 1872 par M. Tailleur père.

C'est la première fois que MM. Tailleur Fils exposent. Ils nous montrent de quelle façon ingénieuse et soignée sont faits les emballages, tels que l'emballage d'une vitrine, de deux fauteuils pour l'exportation, d'une plaque de marbre, d'un groupe en marbre et d'une statuette en plâtre.

Ils présentent, en outre, la réduction de l'emballage d'une glace de $7^m,20 \times 2^m,40$ expédiée au Musée Océanographique de Monaco.

La Maison emploie annuellement pour ses caisses d'emballage 3000 mètres cubes de bois de peuplier, 250 000 kilogrammes de paille d'emballage et 60 000 kilogrammes de fibres de bois.

Elle occupe 80 personnes, apprentis, ouvriers et employés.

Coopérateurs : MM. Chemin (Victor), Médaille de bronze ;
Varé (Émilien), Médaille de bronze.

Fournigault (Charles).

Représentation — Installation.

143, rue Lafayette, à Paris.

En raison du zèle déployé par l'entrepreneur et pour ses bons soins apportés à l'installation des Classes 49 et 50, il lui a été décerné un Diplôme de Médaille d'or.

LOUIS BONNICHON

MÉDAILLES D'ARGENT

~~~~~~~~~

Adrian (Arsène),

à Blamont (Meurthe-et-Moselle).

Médaille d'argent, Liége, 1905.
— — Milan, 1906.
— — Londres, 1909.

M. Adrian est un ancien gérant forestier qui a servi pendant 55 ans dans la même famille.

Il expose un barème forestier établi au système métrique, pour propager ce système et remplacer les modes anciens d'évaluation du bois.

Ce barème contient :

Les calculs faits du cube des bois en grumes et équarris ;

Les calculs faits du cube des bois sur pied :

La comparaison et la réduction des mesures anciennes aux mesures métriques et des renseignements divers très intéressants.

Bonnichon (Louis).

Scierie mécanique et fabrique de parquets de chêne,

à Nevers (Nièvre).

La scierie Louis Bonnichon se spécialise dans le bois de chêne de France. Elle expose des bois débités en plots, des sciages alignés ainsi que des parquets façonnés. Le débitage des bois alignés est fait sur quartier, sur faux-quartier et sur dosse. Un chêne débité en plot, ensuite reconstitué et cerclé, montre le procédé habituel du sciage.

Des panneaux de parquets présentent l'assemblage des lames à point de Hongrie, à bâtons rompus, coupe de pierre, etc...

L'usine de Nevers est pourvue d'un outillage perfectionné, elle débite environ 10000 mètres cubes de grumes par an et occupe 150 ouvriers.

En outre, M. Bonnichon fait lui-même des exploitations importantes de forêts d'où il tire la plus grande partie des chênes qu'il débite.

Ces exploitations donnent du travail à environ 1500 bûcherons pendant plusieurs mois de l'année.

La fabrication de parquets est une des branches principales de la Maison Louis Bonnichon. Des séchoirs et un stock considérable de frises brutes lui permettent de livrer des parquets d'une parfaite siccité.

C'est la première fois que M. Louis Bonnichon expose des produits, et cette première exposition fait bien augurer pour celles qui suivront.

Chambre de commerce de Bayonne,

à Bayonne.

La Chambre de Commerce de Bayonne expose les produits du résinage du pin maritime des Landes.

La résine brute ou gemme s'obtient en incisant les pins maritimes d'au moins 25 ans d'âge et d'une circonférence d'environ 0^m,80.

La distillation de la résine brute se fait dans des alambics chauffés par la vapeur.

L'essence de térébenthine se condense dans des serpentins; refroidi, le résidu est la colophane (nuance claire) et le brai (nuance foncée).

SECTION ALGÉRIENNE

Récolte du liège dans les forêts de chênes-liéges en Algérie.

HORS CONCOURS (Membre du Jury)

Cazaubon (J.-B.).

Lièges en gros,

à Bougie (Algérie).

Médaille d'or, Londres, 1908.

M. Cazaubon est juré suppléant de la Classe 49.

Il expose des échantillons de liège au nombre de douze, employés pour la fabrication des bouchons de toutes catégories, c'est-à-dire depuis les bouchons pour pharmaciens jusqu'aux bouchons de Champagne.

Les lièges exposés par M. Cazaubon proviennent des forêts domaniales de la Tunisie et des provinces d'Alger et de Constantine. Ces lièges, achetés à l'état brut, sont transportés dans son usine de Bougie où ils subissent toutes les préparations nécessaires pour être exportés en planches aux fabriques de bouchons, c'est-à-dire : bouillage, raclage mécanique, visure, classement par catégories d'épaisseurs et de qualités, mises en balles pressées et ligotées, soit avec du fil de fer, soit avec du feuillard.

M. Cazaubon expédie ses lièges dans les départements du Var, des Pyrénées-Orientales, de Lot-et-Garonne, dans les Landes et dans les pays étrangers.

M. Cazaubon est président de la Chambre de Commerce de Bougie.

HORS CONCOURS

Non participant aux récompenses (Art. 5 du règlement du Jury et des récompenses).

La Compagnie algérienne,

à Aïn-Regada (Algérie), et 22, rue Louis-le-Grand, à Paris.

Les produits exposés par cette Compagnie proviennent de ses forêts de chênes-lièges d'Aïn-Regada, d'une superficie de 170 hectares environ.

Le personnel occupé à cette exploitation se compose de quatre gardes forestiers, deux européens et deux indigènes. Au moment du démasclage, 30 à 40 indigènes sont employés à cette opération et autant pour le transport.

GRANDS PRIX

Dolfus (Gustave).

Société anonyme au capital de 1 500 000 francs.

Domaine d'El-Hannser, à El-Hannser par El-Milia (Algérie).

Médaille d'or, Paris, 1889.
Grand prix, Paris, 1900.

Cette Société expose cinq ballots de liège en planches, emballés sous feuillards. Ils sont présentés tels que les lièges sont vendus par la Société, c'est-à-dire bouillis à l'eau, raclés à la machine, visés aux bouts et classés par épaisseurs et qualités.

Les forêts de chênes-lièges de la Société couvrent environ 8 000 hectares et sont situées à l'est de la ville de Djidjelli, sur la route nationale d'Alger à Tunis.

En outre, la Société exploite des forêts communales, prises à bail, d'une superficie de 3 000 hectares.

Les forêts produisent environ 15 000 à 18 000 quintaux métriques de liège par an.

200 ouvriers sont occupés à la préparation des lièges et, pendant la période de démasclage du liège, de juin à septembre, un millier d'indigènes travaillent en forêts.

La Société possède à Djidjelli de vastes magasins, où sont entreposés les lièges avant leur expédition. La plus grande partie est expédiée en Allemagne, Portugal, Danemark, Suède, Russie, etc...

Ses lièges peuvent avantageusement concourir avec ceux très haut cotés des régions catalanes de l'Espagne.

Marill et Laverny.

Lièges,

à Alger.

Médailles d'or, Paris, Chicago, Hanoï et Saint-Louis.
Diplôme d'honneur, Londres.

En raison de la place limitée mise à la disposition des exposants, MM. Marill et Laverny n'ont envoyé à Bruxelles que cinq ballots de liège préparés et classés.

Ces cinq types représentent les qualités et calibres les mieux appréciés et les plus demandés par l'étranger.

Ces lièges proviennent de leurs propriétés du département d'Alger et ont été préparés dans leur usine d'Alger.

La Maison, fondée en 1865, n'a fait que progresser; elle est une des plus importantes d'Alger.

M. Laverny est chevalier du Mérite agricole.

M. Marill est conseiller du Commerce extérieur, juge au Tribunal de Commerce, administrateur de la Banque d'Algérie, chevalier du Mérite agricole et officier d'académie.

Société anonyme des forêts Sallandrouze et Lamornaix,

à El-Milia (Algérie).

Diplôme d'honneur, Londres, 1908.

Les prédécesseurs de la Société anonyme actuelle étaient MM. Sallandrouze et Lamornaix frères.

La Maison a été fondée en 1860.

Elle exploite des forêts de chênes-lièges en Algérie et expose des balles de liège classé et préparé, de très belle qualité, provenant de ses exploitations.

Société anonyme fusionnée des lièges de Hamendas et de la Petite-Kabylie.

Petite-Kabylie (département de Constantine).

Siège social, 60, rue du Rocher, à Paris.

Médaille d'or, Paris, 1889.
Grand prix, Paris, 1900.
—   Londres, 1908.

Cette Société, qui est constituée au capital de 5 711 000 francs, a été fondée en 1880, par la fusion de deux sociétés qui dataient elles-mêmes, savoir : celle de Hamendas, de 1859, et celle de la Petite-Kabylie, de 1863.

Elle exploite environ 48 000 hectares de forêts fournissant une récolte annuelle moyenne de 45 000 quintaux métriques de liège.

Les lièges sont préparés dans deux usines qui constituent chacune un village : *Oued-el-Aneb*, pour la forêt de Hamendas, *Bessombourg*, pour celle de la Petite-Kabylie.

L'outillage des usines est entièrement actionné par la vapeur.

Le bouillage du liège est fait en vase clos. Les usines sont éclairées à l'électricité.

M. E. Lallemand, qui est administrateur-délégué de la Société, est en même temps président du Syndicat des Propriétaires forestiers de l'Algérie.

DIPLÔMES D'HONNEUR

Borgeaud (Alfred,

Négociant, usine « Au Ruisseau », Alger.

Médaille d'argent, Saint-Louis, 1904.
— d'or, Liége, 1905.
Diplôme d'honneur, Londres, 1908.

M. Borgeaud (Alfred) est successeur de M. Jules Borgeaud. Maiosn fondée en 1890.

Il expose cinq balles de liège ouvré pour la fabrication des bouchons.

M. Borgeaud est officier du Nicham, chevalier de l'Ordre du Cambodge et chevalier du Mérite agricole.

Société anonyme des lièges de l'Edough,

près Bône.

40, rue de Berlin, à Paris.

Médaille d'argent, Paris, 1867.   *Médaille d'or, Paris, 1889.*
— de mérite, Vienne, 1873.   *Grand prix, Paris, 1900.*
— d'or, Paris, 1878.

La Société anonyme des lièges de l'Edough est la suite de la Société Berton, Lecocq et Cⁱᵉ, fondée en 1861.

Elle exploite 10 000 hectares de forêts à l'Edough (près Bône), peuplés de chênes-lièges et de chênes-zéens, et retire de ses forêts des lièges et des traverses en chêne. Elle produit aussi du tanin.

Elle expose des beaux lièges bouillis, raclés et classés.

M. Lecocq, administrateur-délégué, fait partie du bureau du Syndicat des Propriétaires forestiers d'Algérie.

MÉDAILLES D'OR

Boisnard (Georges),

Négociant, à Bône (Algérie).

Médaille d'argent, Londres, 1908.

Maison fondée en 1897.

M. Boisnard expose des balles de liège, classements divers : liège marchand, juste, bâtard, mince, épais et surépais.

Son industrie consiste à récolter et à acheter des lièges bruts et à les préparer selon les usages, c'est-à-dire : bouillage, raclage, visage, triage, classement par catégories et qualités, et à les vendre ensuite aux fabricants de bouchons et autres.

De Sonis (le comte),

à Jemmapes (Algérie).

24, avenue Kléber, à Paris.

Les lièges exposés par M. de Sonis proviennent de ses forêts du Fendeck, arrondissement de Philippeville (Algérie).

Ces forêts, d'une superficie de 10 000 hectares environ, fournissent de 5 000 à 6 000 quintaux de liège d'excellente qualité.

La récolte une fois terminée, le liège est entreposé au parc de Jemmapes et de là expédié par voie ferrée à Philippeville ou au port de Bône, au gré de l'acheteur.

Le liège est vendu non préparé.

Exploitation forestière du Djebel-Halia,

à Valée (près Philippeville), province de Constantine.

M. J.-B. Tricot, gérant.

La fondation de cette Société date de 1848.

Elle expose des lièges en carrés et en planches, première et deuxième classes en balles pressées.

Jusqu'à présent, cette Société n'avait concouru que dans les expositions régionales de Philippeville et de Constantine.

Le jury a décerné une médaille d'argent de collaborateur à M. Tricot, gérant de la Société.

Les successeurs de J.-J. Lassallas,

42 *bis*, rue de Lyon, à Mustapha-Alger.

Commerce de bois. Fabrication de futailles.

Exposent des lièges tirés de leurs exploitations de forêts de chênes-lièges.

Miraillès et Deros,

à Oran.

MM. Miraillès et Deros exposent :

1° Des écorces à tan provenant des garouilles d'Algérie (chêne-kermès) ;

2° Du crin végétal dont ils font l'exportation.

Les écorces à tan servent au tannage des gros cuirs pour semelles et pour courroies de transmissions.

Le crin végétal est utilisé dans la matelasserie et dans le rembourrage des sièges, fauteuils et canapés.

La maison a été fondée en 1899.

Elle a obtenu une médaille d'argent à l'Exposition de Liége.

Muntada-Pous,

à Djidjelli (Algérie).

La Maison Muntada-Pous expose des lièges préparés provenant de son exploitation qui comporte 3000 hectares de forêts de chênes-lièges à Djidjelli, province de Constantine (Algérie).
Successeurs de Mme veuve Michel Muntada.

Nola (Michel),

à Djidjelli (Algérie).

M. Nola expose des lièges bouillis, visés et emballés en carrés et en planches.
La maison a été fondée en 1891.
Elle se spécialise dans la préparation des lièges de tous calibres.

Sider (Georges),

à Philippeville (Algérie).

M. Sider expose des lièges préparés en planches.
Il utilise une usine à vapeur pour la préparation des lièges qui une fois bouillis, raclés, visés et classés sont mis en balles pour la vente.
La maison fabrique également des carrés de liège pour la fabrication des bouchons.
Elle a été fondée en 1902.

Société anonyme
des forêts de Sanhadja et Collo,

à El-Ouloudy (Collo), département de Constantine.

Cette Société a son siège social à Montpellier. La maison a été fondée en 1857.

Elle exploite les forêts pour la production du liège destiné à la fabrication des bouchons.

Elle expose des lièges en planches, bouillis, raclés et visés.

Teissier et Nouvion,

à l'Oued-Oudina (commune de Collo), département de Constantine.

Le siège social de cette maison est à Philippeville, département de Constantine.

Elle fait l'exploitation des produits forestiers : lièges, écorces à tan, souches de bruyères.

Elle produit annuellement 200 000 kilogrammes de lièges destinés à la fabrication des bouchons.

A Bruxelles, elle expose des lièges en balles.

Elle n'a plus concouru aux Expositions universelles et internationales depuis 1889.

Vidal et Andreu,

à Bordj-Blida, Djidjelli (Algérie.

Exposent des lièges.

MÉDAILLES D'ARGENT

Bizern (Antonin),

Négociant, à Constantine (Algérie).

M. Bizern expose des lièges en balles classées en première, deuxième et troisième qualité, tirés des forêts de chênes-lièges d'El-Milia, arrondissement de Constantine, dont il est propriétaire.

Sa maison a été fondée en 1870.

M. Bizern est chevalier du Mérite agricole, vice-président de la Chambre de commerce, ancien juge au Tribunal de commerce et conseiller municipal de Constantine.

Comte d'Hespel (Hubert),

à Jemmapes (Algérie).

L'exploitation des chênes-lièges de M. Hubert d'Hespel se fait sous la même direction que celle du domaine de Fendeck, arrondissement de Philippeville, appartenant à M. de Sonis, déjà cité.

Le liège provenant de ces forêts est d'excellente qualité. Il est vendu non préparé.

Hope (Captain H.-W.),

Propriétaire de la forêt de Bouredine, à Beni-Sala.

Représenté à l'Exposition de Bruxelles par M. Ed. Cosse, à Bône (Algérie).

Expose des lièges bruts dont il est producteur et vendeur.

Martinez (Joachim),

1, avenue Durando, à Bab-el-Oued, Alger.

M. Martinez expose des lièges en planches, en carrés et en bouchons.

Ces lièges proviennent des forêts de l'Etat. La maison occupe 35 à 40 ouvriers.

Les bouchons sont marqués au feu au nom et à l'adresse des clients.

Pancrazi (Humbert),

Propriétaire, à Bône.

Maison fondée en 1886, suite de G. Pancrazi et fils.

Fait le commerce de gros des lièges préparés en carrés, ainsi que celui des déchets de liège.

A exposé de beaux spécimens de lièges préparés et en planches.

MÉDAILLES DE BRONZE

Beorgeaud (Jules),

Négociant, à Alger.

A exposé des ébauchons de bruyère pour pipes.

Bourlier (Charles),

Propriétaire, à La Reghaïa

Comice agricole de l'est de la Mitidja.

Exposition de lièges bruts.

MENTIONS HONORABLES

Boullié (Jules), négociant, à Bougie, lièges.
Borgeaud (J.), négociant, à Oran, écorces à tan.
Cazes (David), négociant, à Saïda, écorces à tan.
Cléra (Émile), négociant, à Saïda, écorces à tan.
Delacoste (A.) frères, négociants, à Oran, écorces à tan.
Diégo (Galindo), négociant, à Charrier, écorces à tan.
Mouton (Paul), propriétaire, à M'Sabiah; El Ançor, lièges.
Otten (J.), propriétaire, à Oran, déchets de poudres et
  lièges, lièges agglomérés.
Pousset (Capitaine), propriétaire, à Ziama, lièges.
Richard (Alexandre), propriétaire, à Médéah, lièges bruts.
Sublon (Ernest), propriétaire, à Azazga, fabricant de bou-
  chons.

TUNISIE

GRAND PRIX

Direction des forêts de la Régence de Tunis.

Les forêts de la Régence couvrent une superficie d'environ 800 000 hectares. Elles peuvent se diviser en deux groupes distincts que sépare la Medjerdah, dont 197 000 hectares au nord de cette rivière et 603 000 hectares au sud.

Les 197 000 hectares, situés au nord de la Medjerdah, possèdent, comme essences principales, le chêne-liège et le chêne-zéen.

Ces forêts, mises en valeur depuis l'occupation française, produisent du liège, des écorces à tan et du bois de chêne-zéen.

De 1895 à 1909 inclus, il a été réalisé :

271 029 quintaux métriques de liège ;
800 362 quintaux métriques d'écorces à tan ;
381 774 mètres cubes grume de bois de chêne-zéen.

Sur ces quantités, les réalisations de 1909 ont été les suivantes :

30 423 quintaux métriques de liège, vendus 570 989 fr. ;
30 580 quintaux métriques d'écorces à tan, vendus 233 800 francs ;
26 620 mètres cubes grume de bois de chêne-zéen, vendus 324 050 francs.

Les bois de chêne-zéen, utilisés en faible partie pour la fabrication de douelles de tonnellerie destinées à l'exportation, sont surtout débités en traverses de chemins de fer employées dans la Régence.

Les tanins et les lièges sont exportés en totalité.

Les forêts situées au sud de la Medjerdah ont comme essences dominantes : le pin d'Alep et le chêne-vert. Elles donnent des produits de peu de valeur : des étais utilisés par les mines et du combustible, et l'exportation n'a pas à être envisagée.

Communication de la Direction des Forêts de la Régence.

La Direction des Forêts a exposé les produits dont nous parlons plus haut, savoir : des lièges, des écorces et des bois de chêne-zéen.

Collaborateurs : MM. Bastien, Diplôme d'honneur ;
Delacourcelle, Médaille d'or ;
Famechon, Médaille d'argent.

PAYS ÉTRANGERS

Allemagne.

L'Allemagne a eu trois exposants récompensés : un Grand Prix et deux Médailles d'or, pour des expositions de graines forestières.

Belgique.

La Belgique a été largement représentée dans la Section des Forêts. Nous devons citer tout particulièrement l'Administration des Eaux et Forêts, qui a fait une exposition très intéressante.

Lors du passage du Jury des Classes 49 et 50, c'est l'honorable directeur général des Eaux et Forêts, M. Jean Hoffmann, membre du jury lui-même, qui, avec une grande amabilité, a fait les honneurs de cette exposition et fourni les explications et les renseignements nécessaires aux jurés.

L'Administration des Eaux et Forêts occupait la plus grande partie du Palais des Forêts, de la Chasse et de la Pêche. Dans des stands très artistiquement décorés, elle montrait :

Des échantillons de tous les produits forestiers : chêne, hêtre, orme, châtaignier, bouleau, peuplier, saule blanc, sapins et pins, etc...;

Des photographies de peuplements forestiers et de semis de hêtres, etc...;

Des tableaux relatifs à l'accroissement des arbres, ainsi que des cartes des bois de divers cantonnements, garnissaient toutes les cloisons.

A signaler particulièrement, une monographie en images du saule blanc, destinée à mettre en évidence les mérites culturaux et économiques de cet arbre dont le bois est d'un beau blanc, d'un grain fin et homogène, léger, flexible et facile à travailler.

Des sabots, patins de chariot, etc..., faits avec le saule blanc, complétaient la réclame faite en faveur de ce bois.

Il faut mentionner encore une jolie collection d'échantillons de boissellerie, qui se distinguait par la variété et le fini des objets : boîtes à sel, cuillères, entonnoirs, rouleaux à pâte, pelles à grain, souricières, fléaux, formes à beurre, cercles de tamis, robinets, manches d'outils, etc...

Nous citerons encore une intéressante exposition de vannerie commune faite avec du coudrier.

Mais, en dehors de l'Administration des Eaux et des Forêts, es principales expositions étaient celles de sabotiers et de sociétés coopératives, qui exposaient des collections très importantes et variées de sabots faits de toutes sortes de bois communs selon les régions : bois de bouleau pour le pays de Chimay; bois de hêtre pour les pays de Freyr, Saint-Michel, Saint-Hubert et Nassogne; bois d'orme pour le Borinage et peuplier de Canada pour le pays de Waes.

L'outillage pour la fabrication des sabots s'est beaucoup perfectionné, ainsi que le montrait au public un exposant belge fabricant de sabots et en même temps fabricant d'outils. Nous citerons les noms d'une partie de ces outils : braquets, planes, planeurs, hachettes, hoyaux, creuseurs, tarières, cuillères, griffets, gouges, bontoirs, ruines, gratteresses, scrépeuses, etc...

On estime que près de 13 000 personnes sont occupées en Belgique à la fabrication des sabots et qu'elles emploient environ 80 000 mètres cubes de bois.

La sculpture sur bois avait quelques beaux spécimens de cadres sculptés.

Deux marchands de bois ont exposé des bois de mines, des traverses pour chemins de fer, des hêtres débités pour escaliers et des sciages de chêne.

Deux autres exposants montraient, l'un, une déracineuse « Hercule » brevetée, l'autre, diverses machines servant à l'arrachage des souches.

Brésil.

Le Brésil a édifié un luxueux palais pour y grouper ses produits.

De nombreux exposants figuraient dans les Classes 49 et 50.

non seulement pour les bois d'ébénisterie, mais aussi pour les bois tinctoriaux, pour ses végétaux tanniques, pour le caoutchouc.

En raison du grand nombre de ses exposants, le Brésil avait trois délégués aux opérations du Jury. L'un d'eux, M. Misson Louis, ingénieur agricole, a occupé les fonctions de vice-président.

83 récompenses ont été attribuées à cette section, dont :

5 Grands Prix ;
9 Médailles d'or ;
19 Médailles d'argent ;
50 Médailles de bronze.

Le Brésil, sur ses neuf millions de kilomètres carrés, possède encore d'immenses forêts vierges qui renferment incontestablement la plus grande réserve de bois précieux qui soit au monde, et les quantités de collections de bois de couleur, veinés à l'infini, exposés à Bruxelles, le confirment une fois de plus.

Mais tous les exposants, aussi bien les Commissions provinciales, les Associations commerciales que les propriétaires et les exploitants forestiers, se sont malheureusement bornés à n'exposer que de petites planchettes d'échantillons, des collections de cannes, des modèles de parquets en marqueterie. Quelques beaux troncs d'arbres en grandes longueurs et à gros diamètres des bois veinés, actuellement encore peu connus, auraient mieux donné aux visiteurs une idée de la magnificence et de la majesté des forêts vierges du Brésil.

Jusqu'à présent, les seuls bois bien classés, ayant un marché, sont : le palissandre (pour le meuble) et le « bois du Brésil » (pour la marqueterie et la teinture). Mais, lorsque les arbres en bois de couleur, très veinés, dont nous avons vu les petits échantillons, et qui ne sont pas encore catalogués, seront facilement transportables en Europe, les mosaïstes et les fabricants de meubles de luxe pourront donner libre cours à leurs inspirations.

Le Brésil possède de nombreux végétaux tanniques, principalement les palétuviers ou mangliers dont l'écorce est, dit-on, cinq fois plus riche en tanin que celle des chênes européens.

Ce pays exporte beaucoup de caoutchouc. C'est le latex de certains arbres du genre *Hevea* (Euphorbiacées). Ces plantes, surtout les *seringueiras*, occupent, dans la zone équatoriale, une région mesurant un million de milles carrés, située, pour la plus grande partie, dans la vallée de l'Amazone.

12

Canada.

Le Gouvernement du Canada, ainsi qu'il l'a fait dans les Expositions universelles auxquelles il a participé ces dernières années, montre des échantillons de ses produits forestiers sous forme de disques coupés sur des troncs d'arbres. Ces disques permettent de juger du grain des bois en même temps que des diamètres des arbres qui sont généralement supérieurs à 1 mètre et qui, pour les sapins, atteignent même 1^m,50.

Les principaux bois du Canada sont : le tilleul américain, l'érable, le cerisier noir, le franc-frêne (*fraxinus americana*), l'orme blanc, l'orme rouge, les noyers, le bouleau, les chênes, le châtaignier, le hêtre, le tremble, le peuplier, les cèdres blanc, jaune et rouge, les pins blanc, rouge et noir, le spruche, le sapin Douglas.

Le sapin Douglas est de tous les arbres de l'ouest du Canada le plus réputé. Il atteint quelquefois 90 mètres de hauteur et 5 mètres de diamètre.

La sapinette blanche et noire, très répandue au Canada, est surtout employée dans la fabrication de la pâte à papier ; on en fait une énorme consommation.

Le Canada possède encore de grandes réserves forestières en bois communs, principalement sur le versant du Pacifique, dans la Colombie britannique, où l'on trouve surtout le sapin de Douglas.

Espagne.

L'Espagne avait un exposant hors concours et un autre exposant qui a obtenu une Médaille d'argent.

Ce pays n'exposait que des lièges bruts.

États-Unis.

Les États-Unis n'avaient qu'un exposant dans les Classes 49 et 50, lequel a obtenu une Médaille d'or. C'est un importateur de Londres qui fait le commerce des bois provenant des États-Unis, pour la fabrication des meubles. Son exposition se composait d'une table tournante faite avec les bois des États-Unis et d'autres provenances, savoir : le noyer, le chêne, le frêne, l'érable, le tulipier, le peuplier, le pitchpin moiré, l'acajou et une cinquantaine d'autres échantillons de bois.

Guatémala.

Les plus gros blocs de bois d'acajou et de cèdre exposés à Bruxelles proviennent du Guatémala. Aussi, les négociants du Guatémala, qui se sont donné la peine d'amener ces pièces de bois de dimensions vraiment extraordinaires, méritent-ils toutes les félicitations.

Nous citerons :

Une pièce équarrie d'acajou, de $10^m,40$ de long, pesant 2 425 kilos ;

Une autre pesant 2 325 kilos ;

Un bloc équarri de bois de cèdre, de 6 mètres de long, qui pesait 3 175 kilos.

A côté de ces gros blocs, le Guatémala expose des quantités de petits échantillons de bois indiquant les ressources de ses forêts.

Depuis le niveau de la mer jusqu'à 4 000 mètres de hauteur, qui est la limite extrême des arbres dans ce pays, on peut compter près de 200 espèces d'arbres à bois utiles.

La province de Péten a, paraît-il, encore une grosse réserve de bois, surtout en acajou et en bois de campêche.

Le Guatémala possède encore le *Queibra hacha (Quebracho)*, bois tannifère, et le Sangue de Drago (*Pterocarpus draco*), bois de santal, qui donne une matière tinctoriale.

Hollande.

Dans le magnifique et vaste palais de la Hollande, les expositions se rattachant aux Classes 49 et 50 étaient très nombreuses, mais très disséminées. Nous signalerons les principales et en premier lieu l'Administration forestière de l'État et la Société néerlandaise d'encouragement au défrichement des bruyères, à Utrecht.

Ces administrations avaient surtout des expositions scientifiques montrant, par des données graphiques et des photographies, les efforts faits depuis une vingtaine d'années pour mettre en valeur les terrains incultes par le boisement des dunes et des bruyères.

Dans ces dernières années, 13 000 hectares de landes ont été boisés et 28 000 hectares mis en culture et en étangs.

Le boisement des dunes a été sérieusement entrepris; les essences utilisées sont le pin noir d'Autriche, le pin de Corse, le pin sylvestre, le pin maritime et le pin des montagnes.

440 000 hectares de bruyères doivent encore être soumis à des projets de boisement.

La culture des oseraies occupe également une grande place en Hollande, principalement dans le Biebosch où existent de vastes champs d'osiers appartenant à la Couronne et à l'État.

Les statistiques établissent pour une moyenne de 25 ans, que le prix des produits sur pied, par hectare d'une oseraie âgée de 4 ans, dans le Biebosch, est de 700 à 750 francs.

Nous citerons ensuite une maison d'Amsterdam faisant le commerce des bois, qui avait envoyé de très beaux bois exotiques d'ébénisterie en équarris et en plateaux, destinés spécialement à la construction des wagons et à l'agencement intérieur des bateaux à vapeur.

A mentionner aussi une maison de Middelburg faisant également le commerce du bois dénommé « Greenheart de Demarara », provenant des forêts de la Guyane britannique.

Cette maison a publié une très intéressante brochure intitulée : « Quelques données sur la résistance du Greenheart de Demarara, démontrant la possibilité d'un emploi plus général de ce bois exotique pour la construction des portes d'écluses. »

Il paraîtrait, d'après les expériences faites, que, pour les portes d'écluses, le Greenheart est beaucoup plus résistant que le chêne et le fer; là où le chêne et le fer ne durent que 30 ans, le Greenheart dure plus de 50 ans. Il résiste aux attaques du taret. C'est un renseignement intéressant pour tous les constructeurs d'écluses.

Italie.

Le Ministère de l'Agriculture, de l'Industrie et du Commerce à Rome a exposé une série de petits échantillons des diverses essences ligneuses fournies par ses forêts. Il signale en même temps les principaux caractères de ses bois.

Un Grand Prix lui a été décerné.

Nicaragua.

Une place de juré effectif et une place de juré suppléant avaient été réservées au Nicaragua.

Le Gouvernement et plusieurs exportateurs ont exposé des collections d'échantillons indiquant les produits ligneux fournis par les forêts de leur pays, savoir : le bois de fer, l'acajou, le bois de rose, le cèdre, le gommier.

Le Nicaragua produit également du caoutchouc, le copal et la vanille.

République dominicaine.

La République Dominicaine ou de Saint-Domingue est l'un des deux États qui se partagent l'île de Haïti.

Sur les 74 100 kilomètres carrés de l'île, il en possède 45 200.

Ses forêts fournissent les acajous, le bois de rose, le gaïac, le bois de fer, les ébènes, des bois de cèdre, de palissandre, de noyer, de conifères et de bois de teinture (bois de campêche). L'acajou le plus apprécié et le plus recherché par l'ébénisterie pour les beaux mobiliers, en raison de son grain fin et de sa couleur rouge vif, est celui de Saint-Domingue.

La République Dominicaine avait un représentant dans le jury des Classes 49 et 50. Elle a obtenu :

1 Grand Prix, 15 Diplômes d'honneur et 1 Médaille d'argent.

Elle a fait un réel effort pour montrer ses produits forestiers sous toutes leurs formes : en équarri, en plateaux sciés et en petits échantillons.

C'est la Commission provinciale de Saint-Domingue qui a obtenu le Grand Prix. Les autres Commissions des provinces et villes ont obtenu des Diplômes d'honneur.

SAINT-CLOUD. — IMPRIMERIE BELIN FRÈRES.

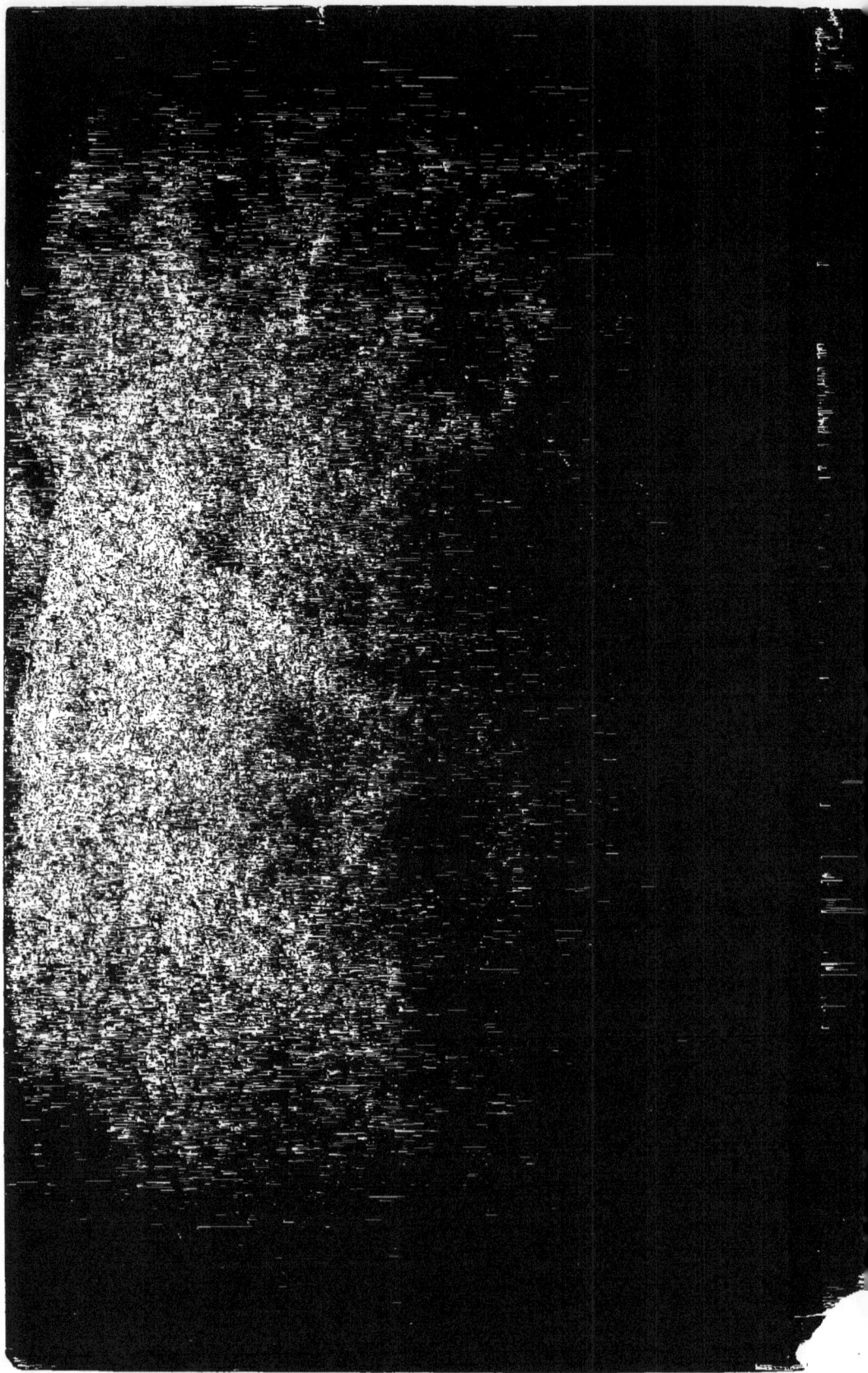

www.ingramcontent.com/pod-product-compliance
Lightning Source LLC
Chambersburg PA
CBHW071859200326
41519CB00016B/4463